고군부사관 후보생

필기시험
실전 모의고사

공군부사관후보생
필기시험 실전모의고사

초판 인쇄   2022년 1월 5일
초판 발행   2022년 1월 7일

편 저 자 | 부사관시험연구소
발 행 처 | ㈜서원각
등록번호 | 1999-1A-107호
주   소 | 경기도 고양시 일산서구 덕산로 88-45(가좌동)
교재주문 | 031-923-2051
팩   스 | 031-923-3815
교재문의 | 카카오톡 플러스 친구[서원각]
영상문의 | 070-4233-2505
홈페이지 | www.goseowon.com
책임편집 | 김수진
디 자 인 | 이규희

preface

부사관은 예전에는 하사관이라 불리었으며, 일반하사·중사·상사·원사의 계급을 가진 육·해·공군의 사병을 가리킨다. 부사관은 통상 육군의 분대와 같은 최소 규모의 전투 집단을 지휘하거나, 정비·수리 등의 숙련된 기술을 요하는 분야에 기술자로 배치되고 있으며, 각 급 제대의 최고참 부사관은 선임 부사관으로서 지휘관을 보좌하고, 사병과 지휘관과의 교량적 역할을 수행한다.

군의 중추 역할을 하는 부사관은 스스로 명예심을 추구하여 빛남으로 자긍심을 갖게 되고, 사회적인 인간으로서 지켜야 할 도리를 지각하면서 행동할 수 있어야 하며, 개인보다는 상대를 배려할 줄 아는 공동체 의식을 견지하며 매사 올바른 사고와 판단으로 건설적인 제안을 함으로써 내가 속한 부대와 군에 기여하는 전문성을 겸비한 인재들이다.

부사관은 국가공무원으로서 안정된 직장, 군 경력과 목돈 마련, 자기발전의 기회 제공, 전문분야에서의 근무 가능, 그 밖의 다양한 혜택 등으로 해마다 그 경쟁은 치열해지고 있으며 수험생들에게는 선발전형에 대한 철저한 분석과 꾸준한 자기관리가 요구되고 있다.

이에 본서는 시험유형과 출제기준을 철저히 분석하여 〈PART Ⅰ〉에는 공군부사관 필기시험에 포함되는 언어논리, 자료해석, 공간능력, 지각속도 및 한국사로 구성된 인지능력평가에 대한 모의고사를 4회분 수록하여, 각 영역별로 충분한 양의 출제예상 문제를 풀어볼 수 있도록 하였다. 〈PART Ⅱ〉에는 상세하고 꼼꼼한 해설을 수록하여 매 문제마다 내용 정리 및 개인학습이 가능하도록 하였고, 〈PART Ⅲ〉에는 상황판단평가 및 직무성격평가를 함께 수록하여 간부선발기준의 요소를 미리 확인하고 시험에 응할 수 있도록 하였다.

"진정한 노력은 결코 배신하지 않는다."
본서는 수험생 여러분의 목표를 이루는 데 든든한 동반자가 되리라고 굳게 믿는다.

Structure

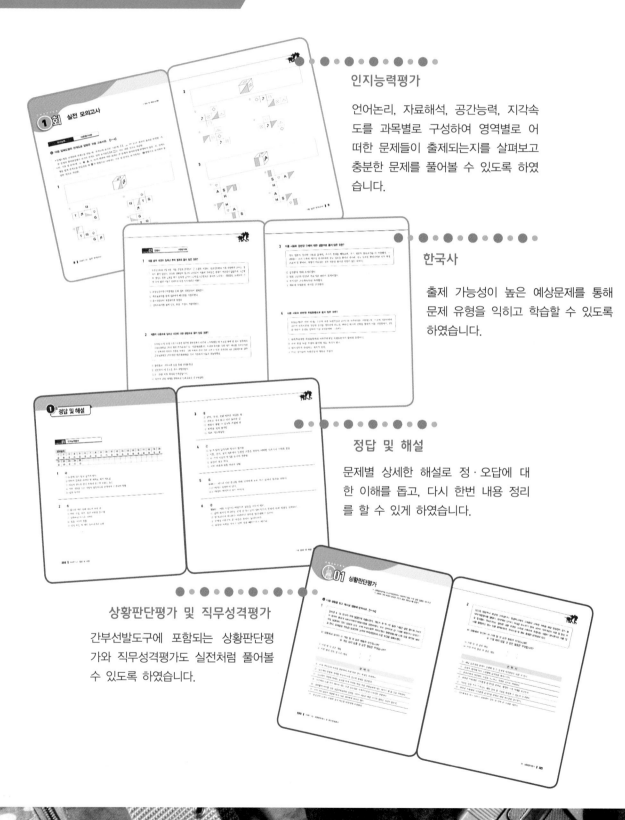

인지능력평가

언어논리, 자료해석, 공간능력, 지각속도를 과목별로 구성하여 영역별로 어떠한 문제들이 출제되는지를 살펴보고 충분한 문제를 풀어볼 수 있도록 하였습니다.

한국사

출제 가능성이 높은 예상문제를 통해 문제 유형을 익히고 학습할 수 있도록 하였습니다.

정답 및 해설

문제별 상세한 해설로 정·오답에 대한 이해를 돕고, 다시 한번 내용 정리를 할 수 있게 하였습니다.

상황판단평가 및 직무성격평가

간부선발도구에 포함되는 상황판단평가와 직무성격평가도 실전처럼 풀어볼 수 있도록 하였습니다.

Contents

Information

▌의무복무기간

임관 후 4년 (남·여 동일)

▌지원자격

1. 임관일 기준 만 18세 이상, 27세 이하인 대한민국 남, 여

   ※ 예비역은 제대군인지원에 관한 법률 시행령 제19조에 따라 응시연령 상한 연장

복무기간	지원 상한연령
군 복무 미필자	만 27세
1년 미만	만 28세
1년 이상 ~ 2년 미만	만 29세
2년 이상	만 30세

   – 현역 복무 중인 사람이 지원 시 응시연령 상한 연장은 제대군인에 관한 법률 16조(채용 시 우대 등) 2항에 의거 전역예정일 전 6개월 이내(임관일 기준) 응시한 경우에 한하여 적용

2. 연령 조건을 충족하면서 다음 중 어느 하나에 해당하는 자

   ㉠ 고등학교 이상의 학교를 졸업한 사람 또는 이와 같은 수준 이상의 학력을 가진 사람(임관일 전 졸업 예정자 포함)

   ㉡ 입영일 기준 병장, 상등병, 또는 일등병으로서 입대 후 5개월 이상 복무중인 사람

   ㉢ 중학교 이상의 학교를 졸업한 사람으로서 「국가기술자격법」에 따른 자격증 소지자

3. 별도의 지원 자격을 명시한 전형(특별전형 등)은 해당 기준을 충족하는 자

4. 사상이 건전하고 품행이 단정하며 체력이 강건한 사람

5. 임용 결격사유 : 군인사법 제10조 제2항에 해당하는 사람

   > 다음 각 호의 어느 하나에 해당하는 사람은 부사관으로 임용될 수 없다.
   > 1. 대한민국의 국적을 가지지 아니한 사람
   > 1의2. 대한민국 국적과 외국 국적을 함께 가지고 있는 사람
   > 2. 피성년후견인 또는 피한정후견인
   > 3. 파산선고를 받은 사람으로서 복권되지 아니한 사람
   > 4. 금고 이상의 형을 선고받고 그 집행이 종료되거나 집행을 받지 아니하기로 확정된 후 5년이 지나지 아니한 사람
   > 5. 금고 이상의 형의 집행유예를 선고받고 그 유예기간 중에 있거나 그 유예기간이 종료된 날부터 2년이 지나지 아니한 사람
   > 6. 자격정지 이상의 형의 선고유예를 받고 그 유예기간 중에 있는 사람
   > 6의2. 공무원 재직기간 중 직무와 관련하여 「형법」 제355조 또는 제356조에 규정된 죄를 범한 사람으로서 300만 원 이상의 벌금형을 선고받고 그 형이 확정된 후 2년이 지나지 아니한 사람
   > 6의3. 「성폭력범죄의 처벌 등에 관한 특례법」 제2조에 따른 성폭력 범죄로 100만 원 이상의 벌금형을 선고받고 그 형이 확정된 후 3년이 지나지 아니한 사람
   > 6의4. 미성년자에 대한 다음 각목의 어느 하나에 해당하는 죄를 저질러 파면·해임되거나 형 또는 치료감호를 선고받아 그 형 또는 치료감호가 확정된 사람
   >   가. 「성폭력범죄의 처벌 등에 관한 특례법 제2조에 따른 성폭력범죄
   >   나. 「아동·청소년의 성보호에 관한 법률」 제2조 제2호에 따른 아동·청소년 대상 성범죄
   > 7. 탄핵이나 징계에 의하여 파면되거나 해임처분을 받은 날부터 5년이 지나지 아니한 사람
   > 8. 법원의 판결 또는 다른 법률에 따라 자격이 정지되거나 상실된 사람

   ※ 최종합격 발표일 기준 위 항목 해당자는 선발 불가
   ※ 최종합격 후에도 입영 전·후 결격사유에 해당하는 경우 합격/임관이 취소됨

▌모집 절차 및 평가 방법

지원서 접수 → 1차 전형(필기시험/특별전형) → 2차 전형(신체검사/면접) → 신원조사/결격사유 조회 → 3차 전형(최종 선발위원회) → 최종발표, 임관

1차 전형	일반전형		150점(필기시험)
	특별전형	I	모집분야별 별도기준
		II	서류심사
2차 전형	신체검사		합/불
	면접	일반전형	25점
		특별전형	합/불
3차 전형	신원조사		적/부
	결격사유		적/부
	최종선발위원회		1, 2차 전형결과 및 신원조사 결과 종합 심사
총점			175점(가점별도)

▌필기시험

1. 대상 : 일반전형 지원자(특별전형 지원자 중 일반전형 중복지원자 포함)

2. 시험과목 · 배점 및 시간표

구분	KIDA 간부선발도구								3교시 (16:25~17:00)	총계
	1교시 (13:30~14:55)					2교시 (15:10~16:13)				
	언어논리	자료해석	공간능력	지각속도	소계	상황판단	직무성격	소계	한국사	
문항수(개)	25	20	18	30	93	15	180	195	25	313
배점(점)	30	30	10	10	80	20	면접자료	20	50	150

※ 한국사 - 시험범위(근현대사) 내 문제은행 공개 : 공군모집 홈페이지(인터넷), 인사참모부 홈페이지(인트라넷) 공지

3. 「한국사능력검정」 인증서 보유 시 한국사 과목 면제(필기시험 중복응시 가능) 및 지원서에 한국사능력검정 성적 입력 시 각 등급에 해당하는 점수 부여

등급(급)	4	3	2	1
점수(점)	42	45	47	50

※ 5년 이내 성적 유효 (구비서류 우편 제출 시 성적표와 함께 제출)
※ 필기시험과 중복 응시한 경우 한국사능력검정 성적과 비교, 유리한 점수 반영

4. 가점 : 필기시험 총점에 부여

① 영어 : 공인영어성적(TOEIC/TOEFL/TEPS)으로 가점 적용

점수(점)	470~509	510~549	550~589	590~629	630~669	670~709	710~749	750~789	790~879	830 이상
가점(점)	1	2	3	4	5	6	7	8	9	10

※ 5년 이내 성적 유효 (구비서류 우편 제출 시 원본 성적표 제출 또는 인사혁신처 사이버국가고시센터에 등록된 성적에 한함)

② 지원 직종별 항목에 따라 가장 유리한 것 한 가지만 적용함

5. 합격 최저점수 : 각 과목별(KIDA 간부선발도구, 한국사) 배점의 40% 이상

구분	KIDA 선발도구	한국사	비고
최저점수	40점	20점	1과목이라도 과목별 최저점수 미만 시 불합격 처리

▌인공지능(AI) 면접

1. 1차 합격자 전원을 대상으로 개인별 응시 가능한 장소에서 약 60분간 진행

2. 온라인 면접절차
    ① 진행 절차 : 평가대상자 응시정보 확보(공군본부) → AI면접 안내메일 발송(공군본부) → 개인별 시스템 접속 및 면접(응시자) → 면접결과 분석 및 활용(공군본부)
    ② 진행 방법 : 응시 → 안면등록 → 온라인 면접진행 → 데이터분석

3. 기타
    ① 인터넷 접속이 가능한 장소여야 함, 무선랜(wifi) 연결 시 응시 불가
    ② 준비사항 : 컴퓨터(유선랜 연결), 웹캠, 스피커, 마이크(헤드셋)
    ③ 인터넷 웹 브라우저는 반드시 크롬(Chrome)으로 접속
        ※ 인공지능 면접 접속코드를 지원서에 입력한 인터넷 메일 주소로 발송하므로, 지원서 작성 시 정확한 인터넷 메일 주소 작성

▌신체검사, 면접

1. 대상 : 1차 전형 합격자(특별전형 Ⅰ·Ⅱ, 일반전형)

2. 지참물 : 1차 합격통지서, 신분증(주민등록증, 운전면허증, 여권(주민등록번호 뒷자리 명시된 여권), 청소년증

3. 신체검사 : 합/불, 공군 신체검사 규정 합격등위 기준 적용

구분	내용
신체기준	• 남 : (신장) 159 이상~204cm 미만 / (BMI) 17 이상~33 미만 • 여 : (신장) 155 이상~185cm 미만 / (BMI) 17 이상~33 미만
시력	• 교정시력 우안 0.7 이상, 좌안 0.5 이상(왼손잡이는 반대) • 시력 교정수술을 한 사람은 입대 전 최소 3개월 이상 회복기간 권장
색각	색각 이상(색약/색맹)인 사람은 별도 기준 적용
기타항목	공군 신체검사 등급 1~3급(과목별)인 자(단, 정신과는 2급 이상)

※ 코로나19 상황 고려, 비대면 전형 조정 가능(면접→화상면접, 신체검사→서류대체)

4. 면접(25점) : 국가관·리더십·품성·표현력·공군 핵심가치 등 평가
    ① 필기시험과 면접점수를 합산하여 합격자 발표 시 반영
    ② 부적합 판정 기준 : 평가항목 중 1개라도 '0'점 부여 시 / 면접관(3명) 총점 평균 '15점' 미만 시

▌3차 · 입영 전형

1. 3차 전형 : 최종선발위원회

    ① 대상 : 2차 전형 합격자 전원

    ② 내용 : 1·2차 전형 및 신원조사, 결격사유 조회결과를 종합, 선발심의를 통해 직종별 소요 범위 내 합격자 최종 선발

2. 입영 전형

    ① 대상 : 3차 전형 합격자 전원

    ② 내용

정밀 신체검사	• 검사항목 : 구강검사, 혈액, X-ray, 소변검사(여성은 부인과 검사 포함) 등 • 공군 신체검사 규정 합격등위 기준 적용
체력검정	• 남 : 1,500m 달리기 7분 44초 이내 • 여 : 1,200m 달리기 8분 15초 이내
인성검사	복무적합도 검사

    ③ 지참물 : 합격통지서, 신분증, 최종학력증명서(졸업예정자), 국민체력인증서, 산부인과 문진 결과지(임신반응검사, 골반초음파검사 소견서 포함), 외국국적 포기확인서(복수국적 포기자)

    – 지원서에 기재한 자격 외 추가 자격이 있을 경우 지참 가능(특기분류 시 활용)

    – 2차 전형 조건부 합격자 등은 민간병원 발급 '병무용 진단서' 지참

    ※ 여성응시자는 산부인과 전문의 문진 후 결과지를 입영전형 시 지참

KIDA 간부선발도구
예시문

언어논리, 자료해석, 공간능력, 지각속도, 상황판단평가, 직무성격평가

공군 간부선발 시 적용하고 있는 필기평가 중 지원자들이 생소하게 생각하고 있는 간부선발 필기평가의 예시문항이며, 문항 수와 제한시간은 다음과 같습니다.

구분	언어논리	자료해석	공간능력	지각속도	상황판단평가	직무성격평가
문항 수	25문항	20문항	18문항	30문항	15문항	180문항
시간	20분	25분	10분	3분	20분	30분

※ 본 자료는 참고 목적으로 제공되는 예시 문항으로서 각 하위검사별 난이도, 세부 유형 및 문항 수는 차후 변경될 수 있습니다.

01 언어논리

간부선발도구 예시문

언어논리력검사는 언어로 제시된 자료를 논리적으로 추론하고 분석하는 능력을 측정하기 위한 검사로 어휘력검사와 독해력검사로 크게 구성되어 있다. 어휘력검사는 문맥에 가장 적합한 어휘를 찾아내는 문제로 구성되어 있으며, 독해력검사는 글의 전반적인 흐름을 파악하는 논리적 구조를 올바르게 분석하거나 글의 통일성을 파악하는 문제로 구성되어 있다.

01 어휘력

어휘력에서는 의사소통을 함에 있어 이해능력이나 전달능력을 묻는 기본적인 문제가 나온다. 술어의 다양한 의미, 단어의 의미, 알맞은 단어 넣기 등의 다양한 유형의 문제가 출제된다. 평소 잘못 알고 사용되고 있는 언어를 사전을 활용하여 확인하면서 공부하도록 한다.

어휘력은 풍부한 어휘를 갖고, 이를 활용하면서 그 단어의 의미를 정확히 이해하고, 이미 알고 있는 단어와 문장 내에서의 쓰임을 바탕으로 단어의 의미를 추론하고 의사소통 시 정확한 표현력을 구사할 수 있는 능력을 측정한다. 일반적인 문항 유형에는 동의어/반의어 찾기, 어휘 찾기, 어휘 의미 찾기, 문장완성 등을 들 수 있는데 많은 검사들이 동의어(유의어), 반의어, 또는 어휘 의미 찾기를 활용하고 있다.

문제 1 다음 문장의 문맥상 ( ) 안에 들어갈 단어로 가장 적절한 것은?

> 계속되는 이순신 장군의 공세에 (   )같던 왜 수군의 수비에도 구멍이 뚫리기 시작했다.

① 등용문　　　　　　　　　　② 청사진
✔ ③ 철옹성　　　　　　　　　　④ 풍운아
⑤ 불야성

해설 ① 용문(龍門)에 오른다는 뜻으로, 어려운 관문을 통과하여 크게 출세하게 됨 또는 그 관문을 이르는 말
② 미래에 대한 희망적인 계획이나 구상
③ 쇠로 만든 독처럼 튼튼하게 둘러쌓은 산성이라는 뜻으로, 방비나 단결 따위가 견고한 사물이나 상태를 이르는 말
④ 좋은 때를 타고 활동하여 세상에 두각을 나타내는 사람
⑤ 등불 따위가 휘황하게 켜 있어 밤에도 대낮같이 밝은 곳을 이르는 말

02 독해력

글을 읽고 사실을 확인하고, 글의 배열순서 및 시간의 흐름과 그 중심 개념을 파악하며, 글 흐름의 방향을 알 수 있으며 대강의 줄거리를 요약할 수 있는 능력을 평가한다. 장문이나 단문을 이해하고 문장배열, 지문의 주제, 오류 찾기 등의 다양한 유형의 문제가 출제되므로 평소 독서하는 습관을 길러 장문의 이해속도를 높이는 연습을 하도록 하여야 한다.

문제 1 다음 ㉠~㉢ 중 다음 글의 통일성을 해치는 것은?

㉠21세기의 전쟁은 기름을 확보하기 위해서가 아니라 물을 확보하기 위해서 벌어질 것이라는 예측이 있다. ㉡우리가 심각하게 인식하지 못하고 있지만 사실 물 부족 문제는 심각한 수준이라고 할 수 있다. ㉢실제로 아프리카와 중동 등지에서는 이미 약 3억 명이 심각한 물 부족을 겪고 있는데, 2050년이 되면 전 세계 인구의 3분의 2가 물 부족 사태에 직면할 것이라는 예측도 나오고 있다. ㉣그러나 물 소비량은 생활수준이 향상되면서 급격하게 늘어 현재 우리가 사용하는 물의 양은 20세기 초보다 7배, 지난 20년간에는 2배가 증가했다. ㉤또한 일부 건설 현장에서는 오염된 폐수를 정화 처리하지 않고 그대로 강으로 방류하는 잘못을 저지르고 있다.

① ㉠
② ㉡
③ ㉢
④ ㉣
✔ ⑤ ㉤

해설 ㉠㉡㉢㉣ 물 부족에 대한 내용을 전개하고 있다.
㉤ 물 부족의 내용이 아닌 수질오염에 대한 내용을 나타내므로 전체적인 글의 통일성을 저해하고 있다.

02 자료해석

간부선발도구 예시문

자료해석검사는 주어진 통계표, 도표, 그래프 등을 이용하여 문제를 해결하는 데 필요한 정보를 파악하고 분석하는 능력을 알아보기 위한 검사이다. 자료해석 문항에서는 기초적인 계산 능력보다 수치자료로부터 정확한 의사결정을 내리거나 추론하는 능력을 측정하고자 한다. 도표, 그래프 등 실생활에서 접할 수 있는 수치자료를 제시하여 필요한 정보를 선별적으로 판단·분석하고, 대략적인 수치를 빠르고 정확하게 계산하는 유형이 대부분이다.

문제 1 다음과 같은 규칙으로 자연수를 1부터 차례대로 나열할 때, 8이 몇 번째에 처음 나오는가?

> 1, 2, 2, 3, 3, 3, 4, 4, 4, 4, · · ·

① 18
② 21
✔ ③ 29
④ 35

해설 자연수가 1부터 해당 수만큼 반복되어 나열되고 있으므로 8이 처음으로 나오는 것은 7이 7번 반복된 후이다. 따라서 1 + 2 + 3 + 4 + 5 + 6 + 7 = 28이고 29번째부터 8이 처음으로 나온다.

문제 2 다음은 국가별 수출액 지수를 나타낸 그림이다. 2000년에 비하여 2006년의 수입량이 가장 크게 증가한 국가는?

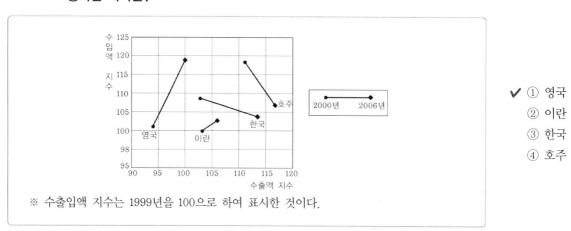

※ 수출입액 지수는 1999년을 100으로 하여 표시한 것이다.

✔ ① 영국
② 이란
③ 한국
④ 호주

해설 수입량이 증가한 나라는 영국과 이란 뿐이며, 한국과 호주는 감소하였다.
영국과 이란 중 가파른 상승세를 나타내는 것이 크게 증가한 것을 나타내므로 영국의 수입량이 가장 크게 증가한 것으로 볼 수 있다.

공간능력 ③

간부선발도구 예시문

공간능력검사는 입체도형의 전개도를 고르는 문제, 전개도를 입체도형으로 만드는 문제, 제시된 그림처럼 블록을 쌓을 경우 그 블록의 개수 구하는 문제, 제시된 블록들을 화살표 표시한 방향에서 바라봤을 때의 모양으로 고르는 문제 등 4가지 유형으로 구분할 수 있다. 물론 유형의 변경은 사정에 의해 발생할 수 있음을 숙지하여 여러 가지 공간능력에 관한 문제를 접해보는 것이 좋다.

[유형 ① 문제 푸는 요령]

유형 ①은 주어진 입체도형을 전개하여 전개도로 만들 때 그 전개도에 해당하는 것을 찾는 형태로 주어진 조건에 의해 기호 및 문자는 회전에 반영하지 않으며, 그림만 회전의 효과를 반영한다는 것을 숙지하여 정확한 전개도를 고르는 문제이다. 그러므로 그림의 모양은 입체도형의 상, 하, 좌, 우에 따라 변할 수 있음을 알아야 하며, 기호 및 문자는 항상 우리가 보는 모양으로 회전되지 않는다는 것을 알아야 한다.

제시된 입체도형은 정육면체이므로 정육면체를 만들 수 있는 전개도의 모양과 보는 위치에 따라 돌아갈 수 있는 그림을 빠른 시간에 파악해야 한다. 문제보다 보기를 먼저 살펴보는 것이 유리하다.

문제 1 다음 입체도형의 전개도로 알맞은 것은?

- 입체도형을 전개하여 전개도를 만들 때, 전개도에 표시된 그림(예 : ▐, ◪ 등)은 회전의 효과를 반영함. 즉, 본 문제의 풀이과정에서 보기의 전개도 상에 표시된 "▐"와 "▭"은 서로 다른 것으로 취급함.
- 단, 기호 및 문자(예 : ☎, ♤, ♨, K, H)의 회전에 의한 효과는 본 문제의 풀이과정에 반영하지 않음. 즉, 입체도형을 펼쳐 전개도를 만들었을 때에 "⮂"의 방향으로 나타나는 기호 및 문자도 보기에서는 "⮅"방향으로 표시하며 동일한 것으로 취급함.

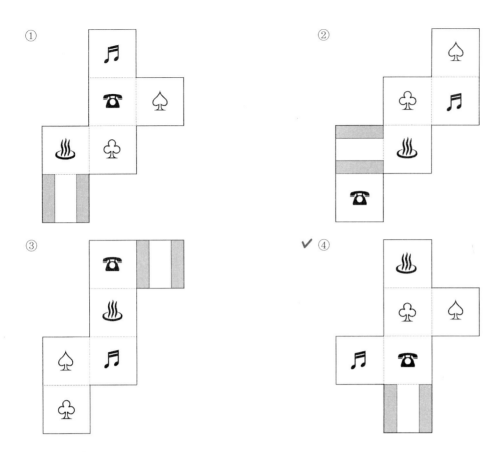

① ②

③ ✔④

💡해설 █ 모양의 윗면과 오른쪽 면에 위치하는 기호를 찾으면 쉽게 문제를 풀 수 있다.
기호나 문자는 회전을 적용하지 않으므로 4번이 답이 된다.

[유형 ② 문제 푸는 요령]

유형 ②는 평면도형인 전개도를 접어 나오는 입체도형을 고르는 문제이다. 유형 ①과 마찬가지로 기호나 문자는 회전을 적용하지 않는다고 조건을 제시하였으므로 그림의 모양만 신경을 쓰면 된다.

보기에 제시된 입체도형의 윗면과 옆면을 잘 살펴보면 답의 실마리를 찾을 수 있다. 그림의 위치에 따라 윗면과 옆면에 나타나는 문자가 달라지므로 유의하여야 한다. 그림을 중심으로 어느 면에 어떤 문자가 오는지를 파악하는 것이 중요하다.

문제 2 다음 전개도로 만든 입체도형에 해당하는 것은?

- 전개도를 접을 때 전개도 상의 그림, 기호, 문자가 입체도형의 겉면에 표시되는 방향으로 접음
- 전개도를 접어 입체도형을 만들 때, 전개도에 표시된 그림(예 : ▮▮, ◿ 등)은 회전의 효과를 반영함. 즉, 본 문제의 풀이과정에서 보기의 전개도 상에 표시된 "▮▮"와 "▬"은 서로 다른 것으로 취급함.
- 단, 기호 및 문자(예 : ☎, ♨, ♨, K, H)의 회전에 의한 효과는 본 문제의 풀이과정에 반영하지 않음. 즉, 전개도를 접어 입체도형을 만들었을 때에 "☏"의 방향으로 나타나는 기호 및 문자도 보기에서는 "☎" 방향으로 표시하며 동일한 것으로 취급함.

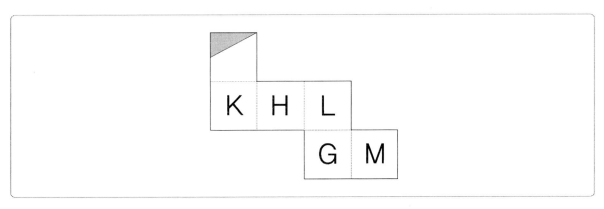

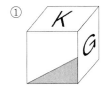 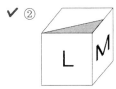

✅해설 그림의 색칠된 삼각형 모양의 위치를 먼저 살펴보면
① G의 위치에 M이 와야 한다.
③ L의 위치에 H, H의 위치에 K가 와야 한다.
④ 그림의 모양이 좌우 반전이 되어야 한다.

[유형 ③ 문제 푸는 요령]

유형 ③은 쌓아 놓은 블록을 보고 여기에 사용된 블록의 개수를 구하는 문제이다. 블록은 모두 크기가 동일한 정육면체라고 조건을 제시하였으므로 블록의 모양은 신경을 쓸 필요가 없다.

블록의 위치가 뒤쪽에 위치한 것인지 앞쪽에 위치한 것 인지에서부터 시작하여 몇 단으로 쌓아 올려져 있는지를 빠르게 파악해야 한다. 가장 아랫면에 존재하는 개수를 파악하고 한 단씩 위로 올라가면서 개수를 파악해도 되며, 앞에서부터 보이는 블록의 수부터 개수를 세어도 무방하다. 그러나 겹치거나 뒤에 살짝 보이는 부분까지 신경 써야 함은 잊지 말아야 한다. 단 1개의 블록으로 문제의 승패가 좌우된다.

문제 3 아래에 제시된 그림과 같이 쌓기 위해 필요한 블록의 수는?
(단, 블록은 모양과 크기는 모두 동일한 정육면체이다)

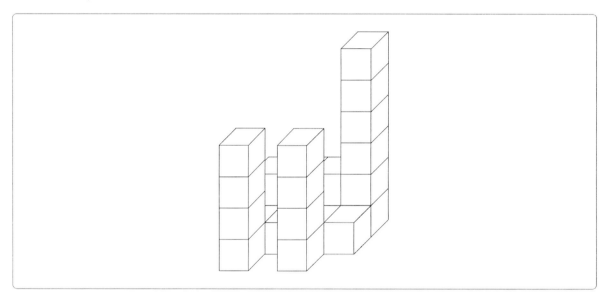

① 18   ② 20

③ 22   ✔ ④ 24

그림을 쉽게 생각하면 블록이 4개씩 붙어 있다고 보면 쉽다. 앞에 2개, 뒤에 눕혀서 3개, 맨 오른쪽 눕혀진 블록들 위에 1개, 4개씩 쌓아진 블록이 6개 존재하므로 24개가 된다.
시간이 많다면. 하나하나 세어도 좋다.

[유형 ④ 문제 푸는 요령]

유형 ④는 제시된 그림에 있는 블록들을 오른쪽, 왼쪽, 위쪽 등으로 돌렸을 때의 모양을 찾는 문제이다.

모두 동일한 정육면체이며, 원근에 의해 블록이 작아 보이는 효과는 고려하지 않는다는 조건이 제시되어 있으므로 블록이 위치한 지점을 정확하게 파악하는 것이 중요하다.

실수로 중간에 있는 블록의 모양을 놓치는 경우가 있으므로 쉽게 모눈종이 위에 놓여 있다고 생각하며 문제를 풀면 쉽게 해결할 수 있다.

문제 4 아래에 제시된 블록들을 화살표 표시한 방향에서 바라봤을 때의 모양으로 알맞은 것은?

- 블록은 모양과 크기는 모두 동일한 정육면체임
- 바라보는 시선의 방향은 블록의 면과 수직을 이루며 원근에 의해 블록이 작게 보이는 효과는 고려하지 않음

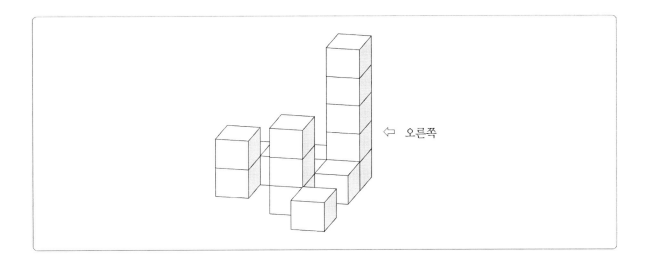

⇦ 오른쪽

✔ ①　　　　　　　　　　　　　　　②

③　　　　　　　　　　　　　　　④

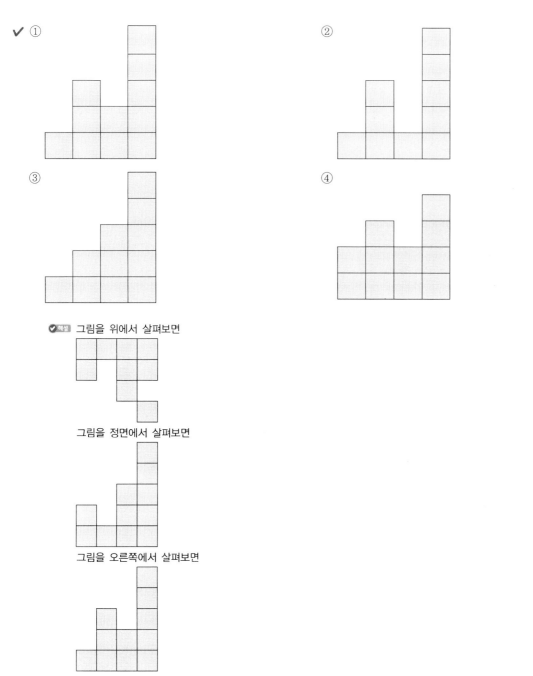

그림을 위에서 살펴보면

그림을 정면에서 살펴보면

그림을 오른쪽에서 살펴보면

오른쪽에서 바라볼 때의 모양을 맨 왼쪽에 위치한 블록부터 차례로 정리하면 1단 – 3단 – 2단 – 5단임을 알 수 있다.

지각속도

간부선발도구 예시문

지각속도검사는 암호해석능력을 묻는 유형으로 눈으로 직접 읽고 문제를 해결하는 능력을 측정하기 위한 검사로 빠른 속도와 정확성을 요구하는 문제가 출제된다. 시간을 정해 최대한 빠른 시간 안에 문제를 정확하게 풀 수 있는 연습이 필요하며 간혹 시간이 촉박하여 찍는 경우가 있는데 오답시에는 감점처리가 적용된다.

지각속도검사는 지각 속도를 측정하기 위한 검사로 틀릴 경우 감점으로 채점하고, 풀지 않은 문제는 0점으로 채점이 된다. 총 30문제로 구성이 되며 제한시간은 3분이므로 많은 연습을 통해 빠르게 푸는 요령을 습득하여야 한다.

본 검사는 지각 속도를 측정하기 위한 검사입니다.
제시된 문제를 잘 읽고 아래의 예제와 같은 방식으로 가능한 한 빠르고 정확하게 답해 주시기 바랍니다.

[유형 ①] 대응하기

아래의 문제 유형은 일련의 문자, 숫자, 기호의 짝을 제시한 후 특정한 문자에 해당되는 코드를 빠르게 선택하는 문제입니다.

문제 1 아래 〈보기〉의 왼쪽과 오른쪽 기호의 대응을 참고하여 각 문제의 대응이 같으면 답안지에 '① 맞음'을, 틀리면 '② 틀림'을 선택하시오.

─────── 〈보기〉 ───────

| a = 강 | b = 응 | c = 산 | d = 전 |
| e = 남 | f = 도 | g = 길 | h = 아 |

강 응 산 전 남 – a b c d e

✔ ① 맞음   ② 틀림

〈보기〉의 내용을 보면 강=a, 응=b, 산=c, 전=d, 남=e이므로 a b c d e이므로 맞다.

[유형 ②] 숫자세기

아래의 문제 유형은 제시된 문자군, 문장, 숫자 중 특정한 문자 혹은 숫자의 개수를 빠르게 세어 표시하는 문제입니다.

문제 2 다음의 〈보기〉에서 각 문제의 왼쪽에 표시된 굵은 글씨체의 기호, 문자, 숫자의 갯수를 모두 세어 오른쪽 개수에서 찾으시오.

───────── 〈보기〉 ─────────

3   7830206420682048720387307962050406 7321

① 2개   ✔ ② 4개
③ 6개   ④ 8개

> 나열된 수에 3이 몇 번 들어 있는가를 빠르게 확인하여야 한다.
> 78**3**0206420682048720**3**87**3**0796205040673 21 → 4개

───────── 〈보기〉 ─────────

ㄴ   나의 살던 고향은 꽃피는 산골

① 2개   ② 4개
✔ ③ 6개   ④ 8개

> 나열된 문장에 ㄴ이 몇 번 들어갔는지 확인하여야 한다.
> **나**의 살**던** 고향**은** 꽃피**는** **산**골 → 6개

22

상황판단평가 05

간부선발도구 예시문

초급 간부 선발용 상황판단평가는 군 상황에서 실제 취할 수 있는 대응행동에 대한 지원자의 태도/가치에 대한 적합도 진단을 하는 검사이다. 군에서 일어날 수 있는 다양한 가상 상황을 제시하고, 지원자로 하여금 선택지 중에서 가장 할 것 같은 행동과 가장 하지 않을 것 같은 행동을 선택하게 하여, 지원자의 행동이 조직(군)에서 요구되는 행동과 일치하는지 여부를 판단한다. 상황판단평가는 인적성 검사가 반영하지 못하는 해당 조직만의 직무상황을 반영할 수 있으며, 인지요인/성격요인/과거 일을 했던 경험을 모두 간접 측정할 수 있고, 군에서 추구하는 가치와 역량이 행동으로 어떻게 표출되는지를 반영한다.

01 예시문제

당신은 소대장이며, 당신의 소대에는 음주와 관련한 문제가 있다. 특히 한 병사는 음주운전으로 인하여 민간인을 사망케 한 사고로 인해 아직도 감옥에 있고, 몰래 술을 마시고 소대원들끼리 서로 주먹다툼을 벌인 사고도 있었다. 당신은 이 문제에 대해 지대한 관심을 가지고 있으며, 병사들에게 문제의 심각성을 알리고 부대에 영향을 주기 위한 무엇인가를 하려고 한다. 이 상황에서 당신은 어떻게 할 것인가?

위 상황에서 당신은 어떻게 행동 하시겠습니까?

① 음주조사를 위해 수시로 건강 및 내무검사를 실시한다.

② 알코올 관련 전문가를 초청하여 알코올 중독 및 남용의 위험에 대한 강연을 듣는다.

③ 병사들에 대하여 엄격하게 대우한다. 사소한 것이라도 위반을 하면 가장 엄중한 징계를 할 것이라고 한다.

④ 전체 부대원에게 음주 운전 사망사건으로 인하여 감옥에 가 있는 병사에 대한 사례를 구체적으로 설명해준다.

M. **가장 취할 것 같은 행동** (①)

L. **가장 취하지 않을 것 같은 행동** (③)

02 답안지 표시방법

자신을 가장 잘 나타내고 있는 보기의 번호를 'M(Most)'에 표시하고, 자신과 가장 먼 보기의 번호를 'L(Least)'에 각각 표시한다.

상황판단검사					
1	M	●	②	③	④	⑤
	L	①	②	●	④	⑤

03 주의사항

상황판단평가는 객관적인 정답이 존재하지 않으며, 대신 검사 개발당시 주제 전문가들의 의견과 후보생들을 대상으로 한 충분한 예비검사 시행 및 분석과정을 거쳐 경험적인 답이 만들어진다. 때문에 따로 공부를 한다고 해서 성적이 오르는 분야가 아니다. 문제집을 통해 유형만 익힐 수 있도록 하는 것이 좋다.

06 직무성격평가

간부선발도구 예시문

초급 간부 선발용 직무성격평가는 총 180문항으로 이루어져 있으며, 검사시간은 30분이다. 초급 간부에게 요구되는 역량과 관련된 성격 요인들을 측정할 수 있도록 개발되었다. 가끔 지원자를 당황하게 하는 문제들도 있으므로 당황하지 말고 솔직하게 대답하는 것이 좋다. 너무 의식하면서 답을 하게 되면 일관성이 떨어질 수 있기 때문이다.

01 주의사항

- 응답을 하실 때는 자신이 앞으로 되기 바라는 모습이나 바람직하다고 생각하는 모습을 응답하지 마시고, 평소에 자신이 생각하는 바를 최대한 솔직하게 응답하는 것이 좋습니다.
- 총 180문항을 30분 내에 응답해야 합니다. 한 문항을 지나치게 깊게 생각하지 마시고, 머릿속에 떠오르는 대로 "OMR답안지"에 바로바로 응답하시기 바랍니다.
- 본 검사는 귀하의 의견이나 행동을 나타내는 문항으로 구성되어 있습니다. 각각의 문항을 읽고 그 문항이 자기 자신을 얼마나 잘 나타내고 있는지를, 제시한 〈응답 척도〉와 같이 응답지에 답해 주시기 바랍니다.

02 응답척도

'1' = 전혀 그렇지 않다   ● ② ③ ④ ⑤

'2' = 그렇지 않다   ① ● ③ ④ ⑤

'3' = 보통이다   ① ② ● ④ ⑤

'4' = 그렇다   ① ② ③ ● ⑤

'5' = 매우 그렇다   ① ② ③ ④ ●

03 예시문제

다음 상황을 읽고 제시된 질문에 답하시오.

① 전혀 그렇지 않다	② 그렇지 않다	③ 보통이다	④ 그렇다	⑤ 매우 그렇다

001	조직(학교나 부대) 생활에서 여러 가지 다양한 일을 해보고 싶다.	① ② ③ ④ ⑤
002	아무것도 아닌 일에 지나치게 걱정하는 때가 있다.	① ② ③ ④ ⑤
003	조직(학교나 부대) 생활에서 작은 일에도 걱정을 많이 하는 편이다.	① ② ③ ④ ⑤
004	여행을 가기 전에 미리 세세한 일정을 준비한다.	① ② ③ ④ ⑤
005	조직(학교나 부대) 생활에서 매사에 마음이 여유롭고 느긋한 편이다.	① ② ③ ④ ⑤
006	친구들과 자주 다툼을 한다.	① ② ③ ④ ⑤
007	시간 약속을 어기는 경우가 종종 있다.	① ② ③ ④ ⑤
008	자신이 맡은 일은 책임지고 끝내야 하는 성격이다.	① ② ③ ④ ⑤
009	부모님의 말씀에 항상 순종한다.	① ② ③ ④ ⑤
010	외향적인 성격이다.	① ② ③ ④ ⑤

실전 모의고사

1회 실전 모의고사

≫ 정답 및 해설 p.238

CHAPTER 01 인지능력평가

언어논리　　　25문항/20분

Q 다음 문장의 문맥상 (　) 안에 들어갈 단어로 가장 적절한 것을 고르시오. 【1~4】

1

> 매립지에 가득 찬 쓰레기들을 보고 온 담당자는 시민들에게 분리수거의 중요성에 대해 다시 한번 (　)했다.

① 주파　　　　　　　　　② 격파
③ 추파　　　　　　　　　④ 설파
⑤ 반파

2

> 확진자 수가 점점 늘어나면서 밀접하게 접촉한 사람들끼리의 감염이 기하급수적으로 (　)되고 있습니다.

① 배송　　　　　　　　　② 배격
③ 배신　　　　　　　　　④ 배정
⑤ 배가

3

> 어젯밤에 갑자기 내린 폭우로 지하차도가 침수되어 할 수 없이 먼 거리를 (   )해 가야 했다.

① 회신   ② 우회
③ 회선   ④ 정회
⑤ 회수

4

> 오랜 노사분쟁을 끝내기 위해 모처럼 모인 회의에서 좀처럼 ( )점을 찾지 못해 회의가 정체되었다.

① 합의   ② 합격
③ 합주   ④ 협소
⑤ 협동

Q 다음 밑줄 친 부분과 같은 의미로 사용된 것을 고르시오. 【5~6】

5

> 최근 언택트(Untact)시대가 되면서 많은 사람들이 장을 보러 나가는 대신에 필요한 물품을 온라인으로 주문하여 한꺼번에 배달받는 서비스를 이용하고 있다. 그러나 집에서 편리하게 받을 수 있는 반면 제품의 하자가 있거나 구매자의 변심으로 구매를 <u>무르기</u>는 아직도 쉽지 않다.

① 장마기간이 길어진 탓에 과일들이 전부 <u>물러졌다</u>.
② 실수로 구매한 물건을 <u>무르기</u> 위해 찾아갔으나 만나주지 않았다.
③ 평소 마음이 <u>무른</u> 탓에 손해를 자주 보는 느낌이 들었다.
④ 어설프고 <u>무른</u> 마음가짐으로는 이 일을 해낼 수 없을 것이다.
⑤ 달팽이는 연하고 <u>무른</u> 피부를 통해 호흡하므로 적절한 습도를 맞춰주어야 한다.

6

> 내가 탐방한 고궁은 경복궁으로, 그곳에서 우리나라 고궁의 아름다움을 <u>엿볼</u> 수 있었다. 경복궁에 있는 건축물 중에서 가장 인상 깊었던 것은 생활공간인 교태전의 후원에 있는 아미산 굴뚝이다. 아미산 굴뚝은 붉은 벽돌을 쌓아 만들었는데, 모서리마다 새겨진 사군자, 십장생, 봉황 등의 무늬가 무척 아름다웠다. 연기를 배출하는 굴뚝이지만, 이렇게 조형적인 기교가 뛰어난 석조물을 만든 우리 조상들의 미적 안목이 놀라웠다.

① 그는 분명히 집안사람이 잠든 때를 타서 금순이가 자고 있는 건넌방 미닫이 틈으로 곧잘 안을 <u>엿보고</u> 그랬다.

② 이 책은 어떤 말의 유래뿐 아니라 우리 선조들의 생활사까지 <u>엿볼</u> 수 있는 유익한 읽을거리가 될 만하다.

③ 아내는 아들의 기색을 <u>엿보듯</u> 물끄러미 바라보았다.

④ 징집영장이 나왔다는 소리를 은근한 방법으로 알리려고 잠시 틈을 <u>엿보고</u> 있는데 그의 편에서 먼저 불쑥 말하였다.

⑤ 왕의 눈에는 모두 다 왕의 자리를 <u>엿보고</u> 나라를 좀먹게 하는 간특한 신하와 무리로만 보였다.

7 다음 글에서 추론할 수 없는 내용은?

> 한 사람은 활과 화살을 만드는 데 전념하고, 또 한 사람은 음식을 마련하고, 제3의 사람은 오두막을 짓고, 제4의 사람은 의복을 만들고, 제5의 사람은 도구를 만드는 데 전념한다. 이렇게 하면 수많은 종류의 재화가 보다 쉽게 많이 생산될 수 있다. 생산된 재화를 서로 주고받음으로써, 참가자들은 서로 유리해진다. 또한, 그들의 생업과 업무도 여러 사람이 나누어 하면 쉽게 처리할 수 있다.

① 분업은 교환을 전제로 한다.

② 분업은 소득을 균등하게 배분해 준다.

③ 전문화와 특화는 생산성을 증진시킨다.

④ 분업이 효율적 자원 배분을 가능하게 한다.

⑤ 교환은 참가자 모두의 상호 이익을 증진시킨다.

8 다음 밑줄 친 단어들의 의미 관계가 다른 하나는?

① 폭우 때문에 <u>배</u>가 출항하지 못했다.
　우리 할머니는 달콤한 <u>배</u>를 정말 좋아하신다.
② 산꼭대기에 올라서니 <u>다리</u>가 후들거린다.
　인천대교는 세계에서도 손꼽히는 긴 <u>다리</u>이다.
③ 발 없는 <u>말</u>이 천 리 간다.
　<u>말</u>이 망아지를 낳으면 시골로 보내야 한다.
④ 어제 시험은 잘 <u>보았니</u>?
　아침에 택시와 버스가 충돌하는 걸 <u>보았니</u>?
⑤ 햇볕에 얼굴이 까맣게 <u>탔다</u>.
　어제는 오랜만에 기차를 <u>탔다</u>.

9 다음 중 ( ) 안에 공통으로 들어갈 단어는?

> 어쩌면 모든 문명의 바탕에는 (　　)가(이) 깔려 있는지도 모른다. 우리야 지금 과학으로 무장하고 있지만, 자연 지배의 능력 없이 알몸으로 자연에 맞서야 했던 원시인들에게 세계란 곧 (　　) 그 자체였음에 틀림없다. 지식이 없는 상태에서 맞닥뜨린 세계는 온갖 우연으로 가득 찬 혼돈의 세계였을 터이고, 그 혼돈은 인간의 생존 자체를 위협하는 것이었으리라. 그리하여 그 앞에서 인간은 무한한 (　　)을(를) 느끼지 않을 수 없을 게다.

① 공포　　　　　　　　② 신앙
③ 욕망　　　　　　　　④ 이성
⑤ 본능

10 다음에 제시된 문장의 밑줄 친 부분의 의미가 나머지와 가장 다른 것은?

① 자정이 되어서야 목적지에 <u>이르다</u>.
② 결론에 <u>이르다</u>.
③ 중대한 사태에 <u>이르다</u>.
④ 위험한 지경에 <u>이르러서야</u> 사태를 파악했다.
⑤ 그의 피나는 노력으로 드디어 성공에 <u>이르게</u> 되었다.

Q 다음 글을 읽고 순서에 맞게 논리적으로 배열한 것을 고르시오. 【11~12】

11

> ㉠ 언어문화의 차이로 인하여 소통의 어려움을 겪는 일은 비일비재하다.
>
> ㉡ 이 말은 즉시 중립국 보도망을 통해 'ignore'라는 말로 번역되어 연합국 측에 전달되었고 연합국 측은 곧바로 원폭투하를 결정하였다.
>
> ㉢ 일본어 '묵살(黙殺)'은 '크게 문제시 하지 않는다'는 정도의 소극적 태도를 의미하는 말인데 반해 'ignore'는 '주의를 기울이는 것을 거부한다'는 명백한 거부의사의 표시였기 때문에 이런 성급한 결론에 도달하게 되었다는 것이다.
>
> ㉣ 1945년 7월 포츠담 선언이 발표되었을 때 일본정부는 '묵살(黙殺)'한다고 발표했다.

① ㉠㉡㉢㉣　　　　　　　　　　② ㉠㉣㉡㉢
③ ㉡㉢㉣㉠　　　　　　　　　　④ ㉣㉢㉠㉡
⑤ ㉣㉢㉡㉠

12

> ㉠ 과학 기술의 발전을 도모하되 이에 대한 사회적인 차원에서의 감시와 지성적인 비판을 게을리 하지 말아야 한다.
>
> ㉡ 과학 기술에 대한 맹목적인 비난과 외면은 자칫 문명의 발전을 포기하는 결과를 초래하게 된다.
>
> ㉢ 인류는 과학 기술에 대한 올바른 대응 방안을 모색하여 새로운 과학 기술 문명을 창출해야 한다.
>
> ㉣ 과학 기술에 대한 과도한 신뢰는 인류의 문명을 오도하거나 인류의 생존 자체를 파괴할 우려가 있다.
>
> ㉤ 과학 기술은 인류의 삶을 발전시키기도 했지만, 인류의 생존과 관련된 많은 문제를 야기하기도 하였다.

① ㉠㉢㉤㉡㉣　　　　　　　　② ㉣㉠㉤㉢㉡
③ ㉣㉤㉠㉡㉢　　　　　　　　④ ㉤㉡㉢㉣㉠
⑤ ㉤㉢㉡㉣㉠

13 다음 내용에서 주장하고 있는 것은?

> 기본적으로 한국 사회는 본격적인 자본주의 시대로 접어들었고 그것은 소비사회, 그리고 사회 구성원들의 자기표현이 거대한 복제기술에 의존하는 대중문화 시대를 열었다. 현대인의 삶에서 대중매체의 중요성은 더욱 더 높아지고 있으며 따라서 이제 더 이상 대중문화를 무시하고 엘리트 문화지향성을 가진 교육을 하기는 힘든 시기에 접어들었다. 세계적인 음악가로 추대 받고 있는 비틀즈도 영국 고등학교가 길러낸 음악가이다.

① 대중문화에 대한 검열이 필요하다.
② 한국에서 세계적인 음악가의 탄생을 위해 고등학교에서 음악 수업의 강화가 필요하다.
③ 한국 사회에서 대중문화를 인정하는 것은 중요하다.
④ 교양 있는 현대인의 배출을 위해 고전음악에 대한 교육이 필요하다.
⑤ 한국의 대중문화와 학교 교육의 연관성은 점점 줄어들고 있다.

14 아래의 (   )에 들어갈 이음말을 바르게 배열한 것은?

> 사회는 수영장과 같다. 수영장에는 헤엄을 잘 치고 다이빙을 즐기는 사람이 있는가하면, 헤엄에 익숙지 않은 사람도 있다. 사회에도 권력과 돈을 가진 사람이 있는가하면, 그렇지 못한 사람도 존재한다. 헤엄을 잘 치고 다이빙을 즐기는 사람이 바라는 수영장과 헤엄에 익숙지 못한 사람이 바라는 수영장은 서로 다를 수밖에 없다. 전자는 높은 데서부터 다이빙을 즐길 수 있게끔 물이 깊은 수영장을 원하지만, 후자는 그렇지 않다. (   ) 문제는 사회라는 수영장이 하나밖에 없다는 것이다. (   ) 수영장을 어떻게 만들 것인지에 관하여 전자와 후자 사이에 갈등이 생기고 쟁투가 벌어진다.

① 그러나 – 하지만
② 그러나 – 한편
③ 그런데 – 그래서
④ 그런데 – 반면에
⑤ 그러므로 – 그러면

15 다음 글의 주제를 바르게 기술한 것은?

> 칠레 산호세 광산에 매몰됐던 33명의 광부 전원이 69일간의 사투 끝에 모두 살아서 돌아왔다. 기적의 드라마였다. 거기엔 칠레 국민, 아니 전 세계인의 관심과 칠레 정부의 아낌없는 지원, 그리고 최첨단 구조 장비의 동원뿐만 아니라 작업반장 우르수아의 리더십이 중요하게 작용하였다. 그러나 그 원동력은 매몰된 광부들 스스로가 지녔던, 살 수 있다는 믿음과 희망이었다. 그것 없이는 그 어떤 첨단 장비도, 국민의 열망도, 정부의 지원도, 리더십도 빛을 발하기 어려웠을 것이다.

① 칠레 광부의 생환은 기적이다.
② 광부의 인생은 광부 스스로가 만들어 간다.
③ 세계는 칠레 광부의 구조에 동원된 최첨단 장비에 주목했다.
④ 삶에 대한 믿음과 희망이 칠레 광부의 생환 기적을 만들었다.
⑤ 집단의 위기 속에서 지도자의 리더십은 더욱 큰 효력을 발휘한다.

16 다음 상황의 묘사로 적절하지 않은 것은?

> 박태환 선수는 지난해 로마 세계선수권대회에서 전 종목 결승 진출 실패라는 참혹한 성적표를 받고, 언론으로부터 많은 비난을 받았다. 그러나 그는 많은 시련을 겪으면서도 포기하지 않고 노력하여, 이번 광저우 아시안 게임에서 3개의 금메달을 획득하고 화려하게 귀국했다.

① 절치부심(切齒腐心) ② 와신상담(臥薪嘗膽)
③ 금의환향(錦衣還鄉) ④ 고진감래(苦盡甘來)
⑤ 수구초심(首丘初心)

17 다음 글의 서술상 특징으로 옳은 것은?

> 영화는 스크린이라는 일정한 공간 위에 시간적으로 흐르는 예술이며, 연극 또한 무대라는 제한된 공간 위에서 시간적으로 형상화되는 예술이다. 이 두 예술이 다함께 시간과 공간의 예술이라는 점에서 다른 부문의 예술에 비하여 보다 가까운 위치에 놓여 있음을 알겠다.

① 세부적 사실의 나열
② 논지 적용범위의 확대
③ 객관적 근거에 의한 판단
④ 대상에 대한 비교·대조
⑤ 결과에 대한 원인 규명

18 다음 문장에서 범하고 있는 오류는?

> 영민이는 나에게 좋은 애인임에 틀림없다. 영민이가 나에게 스스로 좋은 애인이라고 말했고 그 좋은 영민이가 나에게 거짓말을 할 리가 없다.

① 논점 일탈의 오류
② 원칙 혼동의 오류
③ 순환 논증의 오류
④ 흑백 논리의 오류
⑤ 인신공격의 오류

19 다음 문장이 들어가기에 알맞은 곳은?

> 모든 이성은 누군가의 구체적 개인의 의식이다. 각 개인의 이성은 그의 심리적, 역사적, 사회적 조건에 따라 어딘가 조금은 서로 다를 수밖에 없기 때문이다.

> ㉠ 일반적으로 이성은 시간과 공간에 얽매이지 않아 자율적이며, 시간과 공간을 초월하여 적용될 수 있는 보편적인 것으로 전제되고 있다. 이런 전제를 받아들일 때 이성이 제시하는 판단 근거만이 권위를 갖는다는 주장이 서고, 그에 따라 이성은 자신의 주장을 획일적으로 모든 이에게 독단적으로 강요하는 성격을 내포하고 있다.
>
> ㉡ 그러나 위와 같이 규정된 이성이란 실제로 존재하지 않는 픽션에 지나지 않는다. 이성은 인간의 의식 속에서 의식의 여러 기능과 완전히 구별되어 자율적으로 존재하는 특수한 존재가 아니라 여러 가지 다른 것들로 분리할 수 없는 총체적 의식의 한 측면에 불과하다. 따라서 보편적 이성이란 생각할 수 없다.
>
> ㉢ 이성이 보편적인 권위를 갖지 못한다는 사실은 가장 엄격한 인식 대상인 수학적 진리에 관해서도 때로는 두 수학자가 하나의 수학적 진리를 놓고 똑같이 이성에 호소하는데도 불구하고 서로 양립할 수 없는 두 가지 다른 판단과 주장을 하는 현상으로 입증된다.

① ㉠의 앞
② ㉠의 뒤
③ ㉡의 뒤
④ ㉢의 뒤
⑤ 글의 내용과 어울리지 않는다.

20 다음에 제시된 글을 가장 잘 요약한 것은?

> 해는 동에서 솟아 서로 진다. 하루가 흘러가는 것은 서운하지만 한낮에 갈망했던 현상이다. 그래서 해가 지면 농부는 얼씨구 좋다고 외치는 것이다. 해가 지면 신선한 바람이 불어오니 노랫소리가 절로 나오고, 아침에 모여 하루 종일 일을 같이 한 친구들과 헤어지며 내일 또 다시 만나기를 기약한다. 그리고는 귀여운 처자가 기다리는 가정으로 돌아가 빵긋 웃는 어린 아기를 만나게 된다. 행복한 가정으로 돌아가 하루의 고된 피로를 풀게 된다. 고된 일은 바로 이 행복한 가정을 위해서 있는 것이다. 그래서 고된 노동을 불평만 하지 않고, 탄식만 하지 않고 긍정함으로써 삶의 의욕을 보이는 지혜가 있었다.

① 농부들은 하루 종일 힘겨운 일을 하면서도 가정의 행복만을 생각했다.

② 농부들은 자신이 고된 일을 하는 것이 행복한 가정을 위한 것임을 깨달아 불평불만을 해소하려 애썼다.

③ 가정의 행복을 위해서라면 고된 일일지라도 불평하지 않고 긍정적으로 해 나가야 한다는 생각을 농부들은 지니고 있었다.

④ 해가 지면 집에 돌아가 가족과 행복한 시간을 보낼 수 있다는 희망에 농부들은 고된 일을 하면서도 불평을 하지 않고 즐거운 삶을 산다.

⑤ 농부들은 오랜 기간 고된 일을 해오면서 스스로 불평불만을 해소하고 자신의 삶에 만족하는 방법을 깨달았다.

21 다음은 청백리라는 주제로 글을 쓴 것이다. 반드시 있어야 하는 것은?

> 근래에 본받아야 할 청백리로 변영태가 꼽힌다. ㉠ 그가 특사가 되어 필리핀에 가게 되었을 때의 일이다. 필리핀은 더운 나라이므로 동복과 하복을 가져가라고 외무부에서 권했지만, 변영태는 매서운 추위 속에서도 하복을 입은 채로 떠났다. ㉡ 매일 운동을 하던 아령도 휴대하지 않았다. 수하물 운송료를 줄이기 위해서였다. 마닐라에서도 전차와 버스 편으로 다녔다. ㉢ 그는 외무부 장관으로서 국제회의에 참석할 때마다 남은 출장비를 꼬박꼬박 반납했고 직원들에게도 해외에서의 걷기와 버스타기를 권했다. ㉣ 그는 6 · 25 직후 부산 피난 시절 퇴근 후 사택에서도 자정까지는 넥타이를 맨 채 바지만 바꿔 입고 일을 계속했으며 대통령으로부터 전화가 오면 꼿꼿한 자세로 받았다. 장관직에서 물러나 있을 때는 담담하게 영어학원에 나가면서 생계를 이었고, 논어를 영역하던 중 연탄가스로 숨졌다. 장례도 고인의 뜻에 따라 가족장으로 치렀고 정부에서 나온 부의금 300만 원은 대학에 희사했다.

① ㉠㉡

② ㉠㉢

③ ㉠㉣

④ ㉡㉢

⑤ ㉡㉣

스피노자의 윤리학을 이해하기 위해서는 코나투스(Conatus)라는 개념이 필요하다. 스피노자에 따르면 실존하는 모든 사물은 자신의 존재를 유지하기 위해 노력하는데, 이것이 바로 그 사물의 본질인 코나투스라는 것이다. 정신과 신체를 서로 다른 것이 아니라 하나로 보았던 그는 정신과 신체에 관계되는 코나투스를 충동이라 부르고, 다른 사물들과 같이 인간도 자신을 보존하고자 하는 충동을 갖고 있다고 보았다. 특히 인간은 자신의 충동을 의식할 수 있다는 점에서 동물과 차이가 있다며 인간의 충동을 욕망이라고 하였다. 즉 인간에게 코나투스란 삶을 지속하고자 하는 욕망을 의미한다.

스피노자에 따르면 코나투스를 본질로 지닌 인간은 한번 태어난 이상 삶을 지속하기 위해 힘쓴다. 하지만 인간은 자신의 힘만으로 삶을 지속하기 어렵다. 인간은 다른 것들과의 관계 속에서만 삶을 유지할 수 있으므로 언제나 타자와 관계를 맺는다. 이때 타자로부터 받은 자극에 의해 신체적 활동 능력이 증가하거나 감소하는 변화가 일어난다. 감정을 신체의 변화에 대한 표현으로 보았던 스피노자는 신체적 활동 능력이 증가하면 기쁨의 감정을 느끼고, 신체적 활동 능력이 감소하면 슬픔의 감정을 느낀다고 생각했다. 또한 신체적 활동 능력이 감소하는 것과 슬픔의 감정을 느끼는 것은 코나투스가 감소하고 있음을 보여주는 것, 다시 말해 삶을 지속하고자 하는 욕망이 줄어드는 것이라고 여겼다. 그래서 인간은 코나투스의 증가를 위해 자신의 신체적 활동 능력을 증가시키고 기쁨의 감정을 유지하려고 노력한다는 것이다.

한편 스피노자는 선악의 개념도 코나투스와 연결 짓는다. 그는 사물이 다른 사물과 어떤 관계를 맺느냐에 따라 선이 되기도 하고 악이 되기도 한다고 말한다. 코나투스의 관점에서 보면 선이란 자신의 신체적 활동 능력을 증가시키는 것이며, 악은 자신의 신체적 활동 능력을 감소시키는 것이다. 이를 정서의 차원에서 설명하면 선은 자신에게 기쁨을 주는 모든 것이며, 악은 자신에게 슬픔을 주는 모든 것이다. 한마디로 인간의 선악에 대한 판단은 자신의 감정에 따라 결정된다는 것을 의미한다.

이러한 생각을 토대로 스피노자는 코나투스인 욕망을 긍정하고 욕망에 따라 행동하라고 이야기한다. 슬픔은 거부하고 기쁨을 지향하라는 것, 그것이 곧 선의 추구라는 것이다. 그리고 코나투스는 타자와의 관계에 영향을 받으므로 인간에게는 타자와 함께 자신의 기쁨을 증가시킬 수 있는 공동체가 필요하다고 말한다. 그 안에서 자신과 타자 모두의 코나투스를 증가시킬 수 있는 기쁨의 관계를 형성하라는 것이 스피노자의 윤리학이 우리에게 하는 당부이다.

22 윗글에서 다룬 내용으로 적절하지 않은 것은?

① 코나투스의 의미
② 정신과 신체의 유래
③ 감정과 신체의 관계
④ 감정과 코나투스의 관계
⑤ 코나투스와 관련한 인간과 동물의 차이

23 윗글에 나타난 선악에 대한 스피노자의 입장으로 적절하지 않은 것은?

① 자신에게 기쁨을 주는 것은 선이다.
② 선악은 사물 자체가 가지고 있는 성질이다.
③ 선악에 대한 판단은 타자와의 관계에 따라 달라진다.
④ 자신의 신체적 활동 능력을 감소시키는 것은 악이다.
⑤ 기쁨의 관계 형성이 가능한 공동체는 선의 추구를 위해 필요하다.

Q 다음 글을 읽고 물음에 답하시오. 【24~25】

1874년 모네가 평범한 항구의 모습을 그린 「인상, 해돋이」라는 작품을 출품했을 당시, 이 그림에 대한 미술계의 반응은 혹평 일색이었다. 비평가 루이 르루아는 비아냥거리는 의미로 모네의 작품명에서 명칭을 따와 모네와 그의 동료들을 인상파라고 불렀다. ㉠인상파 이전의 19세기 화가들은 배경지식 없이는 이해하기 힘든 특별한 사건이나 인물, 사상 등을 주제로 하여 그림을 그렸다. 그들은 주제를 드러내는 상징적 대상을 잘 짜인 구도 속에 배치하였고, 정교한 채색과 뚜렷한 윤곽선을 중요하게 여겼다. 그들의 입장에서 보면 대상을 의도적인 배치 없이 눈에 보이는 대로 거칠게 그린 듯한 ㉡인상파 화가들의 그림은 주제를 알 수 없는 미완성품이었다.

그렇다면 인상파 화가들의 그림 주제는 무엇일까? 인상파 화가들이 주제로 삼은 것은 빛이었다. 이들은 햇빛과 대기의 상태에 따라 대상의 색과 대상에 대한 인상이 달라진다는 사실에 주목하여 이를 그림으로 표현했다. 이들은 어두운 작업실 대신 밝은 야외로 나가 햇빛 속에 보이는 일상적인 풍경과 평범한 사람들의 모습을 그렸다.

인상파 화가들은 시간에 따라 달라지는 빛을 표현하기 위하여 새로운 기법으로 그림을 그렸다. 동일한 대상이라도 빛의 변화에 따라 색이 다르게 보이므로 사과의 빨간색이나 나뭇잎의 초록색 같은 대상의 고유한 색은 부정되었다. 이전의 화가들과 달리 이들은 자연광을 이루는 무지개의 일곱 가지 기본색과 무채색만을 사용하여 모든 색을 표현하였다. 서로 다른 색을 캔버스 위에 흩어 놓으면 멀리서 볼 때 밝은 빛의 느낌을 자연스럽게 표현할 수 있기 때문에 이들은 물감을 섞는 대신 캔버스 위에 원색을 직접 칠했다. 또한 대상의 순간적인 인상을 표현하기 위해 빠른 속도로 그려 나갔고 그 결과 화면에는 짧고 거친 붓자국이 가득하게 되었다. 대상의 윤곽선 역시 주변의 색과 섞여 흐릿하게 표현되었는데, 이는 시시각각 다르게 보이는 대상의 미묘한 변화와 그 인상까지 그림에 표현되는 효과를 낳게 되었다.

인상파 화가들은 빛과 대상의 색, 그리고 대상이 주는 느낌을 그림의 주제로 삼으면서 그림이 다룰 수 있는 대상의 폭을 '주변에서 보이는 일상적인 풍경과 평범한 사람들의 모습'으로 넓혔다. 이전의 그림과 달리 인상파 그림은 주제를 이해하기 위한 배경지식을 더 이상 필요로 하지 않았다. 그저 눈으로 보고 느낄 수 있으면 될 뿐이었다. 보다 많은 사람들이 눈으로 보고 즐기는 그림이 미술사에 등장한 것이다.

24 윗글을 통해 답을 확인할 수 있는 질문이 아닌 것은?

① 인상파라는 명칭에 대해 인상파 화가들은 어떤 반응을 보였을까?

② 인상파 화가들은 대상의 색채를 어떤 방식으로 표현했을까?

③ 인상파 그림은 등장 당시에 왜 혹평을 받았을까?

④ 인상파 그림의 미술사적 의의는 무엇일까?

⑤ 인상파라는 명칭은 어떻게 붙여진 것일까?

25 ㉠과 ㉡을 비교한 내용으로 적절한 것은?

① ㉠과 달리 ㉡은 대상의 고유한 색을 중요하게 여겼다.

② ㉠과 달리 ㉡은 배경지식 없이 이해할 수 있는 그림을 그렸다.

③ ㉡과 달리 ㉠은 일상적인 풍경과 평범한 사람들을 주로 그렸다.

④ ㉡과 달리 ㉠은 자연광을 이루는 기본색과 무채색만으로 그림을 채색했다.

⑤ ㉠과 ㉡은 모두 정교한 채색을 중요하게 여겼다.

1 다음은 어느 국가의 도시별 인구수에 대한 자료이다. 이에 대한 설명으로 옳지 않은 것은?

(단위 : 명)

연령대 / 도시	A도시	B도시	C도시
2015	1,248,972	3,248,248	2,458,687
2016	1,248,998	3,248,548	2,421,356
2017	1,251,256	3,242,597	2,487,245
2018	1,264,897	3,187,897	2,895,241
2019	1,480,854	3,058,789	2,754,328
2020	1,808,545	2,987,924	2,846,159

① A도시의 인구수는 2015년 이후 계속 증가하였다.

② 전년대비 가장 인구 변동이 많은 도시는 2020년의 A도시이다.

③ 2020년 세 도시의 인구수의 합은 2015년 세 도시의 인구수의 합보다 많다.

④ 2020년 C도시는 2015년 C도시 인구수에 비해 10%이상 증가하였다.

2 다음은 12월 제철공장의 생산보고서이다. 이에 대한 내용으로 옳은 것은?

구분 / 종류	금형	정밀	주물
생산 건수(개)	125	350	120
불량 개수(개)	4	7	3
불량률(%)	㉠	2%	2.5%
단가(원)	2,050	5,100	2,100
판매수익(원)	248,050	1,749,300	㉡

① 금형의 불량률 ㉠은 3%이다.

② 주물의 판매수익 ㉡은 252,000원이다.

③ 주물의 판매수익이 금형의 판매수익보다 높다.

④ 12월 제철공장의 총 판매수익은 2,243,050원이다.

3 다음은 학생들의 기말시험 점수이다. 옳지 않은 것은?

	서원	소정	조은	민영
국어	86	90	88	80
수학	94	98	94	92
영어	90	82	90	88
사회	82	92	92	86
중간시험 평균	86	86	92	84

① 가장 성적이 좋은 학생은 조은이다.

② 지난 시험 대비 성적이 가장 오른 학생은 소정이다.

③ 지난 시험 대비 성적이 떨어진 학생은 없다.

④ 학생들은 수학에서 가장 좋은 점수를 받았다.

4 200권의 책을 만드는데 A인쇄기로 5시간, B인쇄기로 4시간이 걸린다. A인쇄기로 1시간동안 생산한 후 B인쇄기와 같이 생산할 때 책 400권을 만들려면 몇 시간이 필요한가?

① 2시간   ② 3시간

③ 4시간   ④ 5시간

5 아래 과녁에 화살을 쏘아 총점이 40점이 되려면 최소한 몇 번을 쏘아야 하는가?

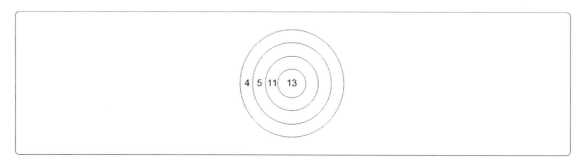

① 4번   ② 5번

③ 6번   ④ 7번

6 다음은 아버지 세대와 자녀 세대 간 이동에 따른 계층 구성을 나타낸 것이다. 이에 대한 설명으로 옳은 것은? (단, 아버지는 1명의 성인 자녀만을 두었다고 가정한다.)

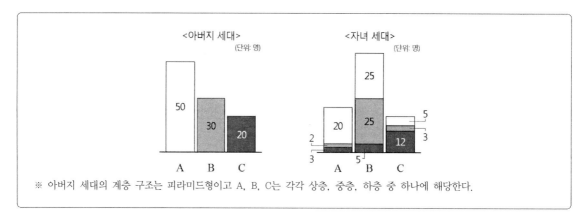

※ 아버지 세대의 계층 구조는 피라미드형이고 A, B, C는 각각 상층, 중층, 하층 중 하나에 해당한다.

① 세대 간 이동한 사람이 그렇지 않은 사람보다 많다.
② 아버지 세대와 자녀 세대 모두 상층 비율이 가장 높다.
③ 아버지 세대보다 자녀 세대에서 계층 양극화가 심해졌다.
④ 세대 간 계층이 대물림된 비율은 하층보다 중층이 더 높다.

7 다이어트 중인 영희는 품목별 가격과 칼로리, 오늘의 행사 제품 여부에 따라 물건을 구입하려고 한다. 예산이 10,000원이라고 할 때, 칼로리의 합이 가장 높은 조합은?

〈품목별 가격과 칼로리〉

품목	피자	돈가스	도넛	콜라	아이스크림
가격(원/개)	2,500	4,000	1,000	500	2,000
칼로리(kcal/개)	600	650	250	150	350

〈오늘의 행사〉

행사 1 : 피자 두 개 한 묶음을 사면 콜라 한 캔이 덤으로!

행사 2 : 돈가스 두 개 한 묶음을 사면 돈가스 하나가 덤으로!

행사 3 : 아이스크림 두 개 한 묶음을 사면 아이스크림 하나가 덤으로!

단, 행사는 품목당 한 묶음까지만 적용됩니다.

① 피자 2개, 아이스크림 2개, 도넛 1개

② 돈가스 2개, 피자 1개, 콜라 1개

③ 아이스크림 2개, 도넛 6개

④ 돈가스 2개, 도넛 2개

8 다음에 제시된 그래프를 보고 추론할 수 없는 내용은?

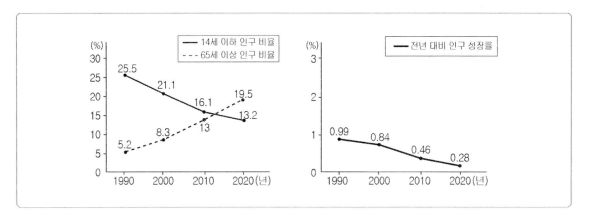

① 전체 인구는 증가하는 추세이다.

② 노년층에 대한 부양부담이 증가할 것이다.

③ 전체 인구에서 15~64세 인구의 비율은 지속적으로 감소하고 있다.

④ 65세 이상 인구에 대한 14세 이하 인구의 비율은 감소하는 추세이다.

9 다음은 A가 야간에 본 사람의 성별을 구분하는 능력에 대한 실험 결과표이다. A가 야간에 본 사람의 성별을 정확하게 구분할 확률은 얼마인가?

실제 성별 \ A의 판정	여자	남자	계
여자	18	22	40
남자	32	28	60
계	50	50	100

① 40% ② 42%

③ 44% ④ 46%

10 다음은 최근 5년간 장소별 물놀이 안전사고에 대한 자료이다. 이에 대한 설명으로 옳지 않은 것은?

(단위 : 명)

연도＼구분	하천(강)	해수욕장	계곡	유원지	저수지	기타
2015	14	3	4	–	–	3
2016	21	4	6	1	–	4
2017	19	3	1	–	–	12
2018	22	5	4	–	–	6
2019	11	6	9	1	–	6

※ 물놀이 안전사고는 하천, 계곡, 해수욕장 등에서 물놀이 중에 인명피해가 발생한 사고

① 2015년~2019년 동안 해수욕장과 계곡의 물놀이 안전사고 증감추이는 동일하다.

② 최근 5년간 저수지에서 발생한 물놀이 안전사고는 없었다.

③ 2019년 전년대비 물놀이 안전사고가 증가한 장소는 3곳이다.

④ 2019년 전체 물놀이 안전사고 중 해수욕장에서 발생한 물놀이 안전사고의 비중은 20%를 넘는다.

11 다음 표는 6명의 학생들의 지난 달 독서 현황을 나타낸 것이다. 표에 대한 설명으로 옳은 것은?

구분＼학생	A	B	C	D	E	F
성별	남	남	여	남	여	남
독서량(권)	2	0	6	4	8	10

① 학생들의 평균 독서량은 6권이다.

② 남학생이면서 독서량이 7권 이상인 학생은 전체 학생 수의 절반이상이다.

③ 여학생이거나 독서량이 7권 이상인 학생은 전체 학생 수의 절반이상이다.

④ 독서량이 2권 이상인 학생 중 남학생의 비율은 전체 학생 중 여학생 비율의 2배 이상이다.

12 다음은 7월부터 12월까지 서울과 파리의 월평균 기온과 강수량을 나타낸 것이다. 다음 중 옳은 것은?

구분		7월	8월	9월	10월	11월	12월
서울	기온(℃)	24.6	25.4	20.6	14.3	6.6	−0.4
	강수량(mm)	369.1	293.9	168.9	49.4	53.1	21.7
파리	기온(℃)	18.6	17.9	14.2	10.8	7.4	4.3
	강수량(mm)	79	84	79	59	71	67

① 서울과 파리 모두 7월에 월평균 강수량이 가장 적다.
② 7월부터 12월까지 월평균기온은 매월 서울이 파리보다 높다.
③ 파리의 월평균 기온은 7월부터 12월까지 점점 낮아진다.
④ 서울의 월평균 강수량은 7월부터 12월까지 감소한다.

13 다음 자료는 어느 학생의 3월부터 7월까지 사회, 과학 성적을 표시한 것이다. 표에 대한 설명으로 옳은 것은?

구분	3월	4월	5월	6월	7월
사회	87	93	92	86	95
과학	77	88	84	90	87

① 5월과 6월의 두 과목 평균점수는 88점으로 같다.
② 두 과목 평균이 가장 높은 달은 4월이다.
③ 7월 두 과목 평균은 3월에 비해 8점 올랐다.
④ 두 과목 평균이 가장 낮은 달은 7월이다.

Q 다음은 최근 5년간 우리나라 사람들의 해외여행자 수를 나타낸 표이다. 다음 물음에 답하시오. 【14~15】

(단위 : 천 명)

구분	2010년	2011년	2012년	2013년	2014년
일본	352	360	364	355	348
중국	330	321	336	332	335
미국	1,032	1,102	1,112	1,123	1,203
프랑스	520	532	610	597	608
스위스	308	320	336	342	361

14 2014년 우리나라 사람들이 가장 적게 간 나라는?

① 중국　　　　　　　　　② 스위스
③ 프랑스　　　　　　　　④ 미국

15 주어진 자료에 대한 해석으로 가장 옳은 것은?

① 프랑스 여행을 가는 사람들은 매년 꾸준히 늘어나고 있다.
② 2010년부터 2014년까지 스위스로 여행간 우리나라 사람들은 5만3천 명 증가하였다.
③ 최근 5년간 해외여행자 수가 가장 큰 폭으로 증가한 나라는 프랑스이다.
④ 일본은 여전히 우리나라 사람들이 많이 찾는 단골 여행지이다.

16 수능시험을 자격시험으로 전환하자는 의견에 대한 여론조사결과 다음과 같은 결과를 얻었다면 이를 통해 내릴 수 있는 결론으로 타당하지 않은 것은?

교육기준	중졸 이하		고교중퇴 및 고졸		전문대중퇴 이상		전체	
조사대상지역	A	B	A	B	A	B	A	B
지지율(%)	67.9	65.4	59.2	53.8	46.5	32	59.2	56.8

① 지지율은 학력이 낮을수록 증가한다.
② 조사대상자 중 A지역주민이 B지역주민보다 저학력자의 지지율이 높다.
③ 학력의 수준이 동일한 경우 지역별 지지율에 차이가 나타난다.
④ 조사대상자 중 A지역의 주민수는 B지역의 주민수보다 많다.

17 서울시 유료 도로에 대한 자료이다. 산업용 도로 3km의 건설비는 얼마가 되는가?

분류	도로수	총길이	건설비
관광용 도로	5	30km	30억
산업용 도로	7	55km	300억
산업관광용 도로	9	198km	400억
합계	21	283km	300억

① 약 5.5억 원
② 약 11억 원
③ 약 16.5억 원
④ 약 22억 원

18 다음 표에 대한 설명으로 적절하지 않은 것은?

소득수준별 노인의 만성 질병 수

(단위 : 만 원, %)

소득 \ 질병수	없다	1개	2개	3개 이상
50 미만	3.7	19.9	27.3	33.0
50~99	7.5	25.7	28.3	26.0
100~149	8.3	29.3	28.3	25.3
150~199	10.6	30.2	29.8	20.4
200~299	12.6	29.9	29.0	19.5
300 이상	15.7	25.9	25.4	25.9

① 소득이 가장 낮은 수준의 노인이 3개 이상의 만성 질병을 앓고 있는 비율이 가장 높다.

② 모든 소득 수준에서 만성 질병의 수가 3개 이상인 경우가 4분의 1을 넘는다.

③ 소득 수준이 높을수록 노인들이 만성 질병을 전혀 앓지 않을 확률은 높아진다.

④ 월 소득이 50만 원 미만인 노인이 만성 질병이 없을 확률은 5%에도 미치지 못한다.

ℚ 다음은 주식시장에서 외국인의 최근 한 달간의 주요 매매 정보 자료이다. 물음에 답하시오. 【19~20】

순매수			순매도		
종목명	수량(백 주)	금액(백만 원)	종목명	수량(백 주)	금액(백만 원)
A 그룹	5,620	695,790	가 그룹	84,930	598,360
B 그룹	138,340	1,325,000	나 그룹	2,150	754,180
C 그룹	13,570	284,350	다 그룹	96,750	162,580
D 그룹	24,850	965,780	라 그룹	96,690	753,540
E 그룹	70,320	110,210	마 그룹	12,360	296,320

19 표에 대한 설명 중 옳은 것은?

① 외국인은 가 그룹의 주식 8,493,000주를 팔아치우고 D그룹의 주식 1,357,000주를 사들였다.

② C 그룹과 D 그룹, E 그룹의 순매수량의 합은 B 그룹의 순매수량보다 작다.

③ 다 그룹의 순매도량은 라 그룹의 순매도량보다 작다.

④ 나 그룹의 순매도액은 598,360(백만 원)이다.

20 표에 대한 설명 중 옳지 않은 것은?

① 외국인들은 A 그룹보다 D 그룹의 주식을 더 많이 사들였다.

② 가 그룹과 마 그룹의 순매도량의 합은 다 그룹의 순매도량보다 많다.

③ 나 그룹의 순매도액은 라 그룹의 순매도액보다 많다.

④ A 그룹과 D 그룹의 순매수액의 합은 B 그룹의 순매수액보다 작다.

공간능력   18문항/10분

Q 다음 도형을 펼쳤을 때 나타날 수 있는 전개도를 고르시오. 【1~5】

※ 주의사항
- 입체도형을 전개하여 전개도를 만들 때, 전개도에 표시된 그림(예 : █, ◪ 등)은 회전의 효과를 반영함. 즉, 본 문제의 풀이과정에서 보기의 전개도 상에 표시된 "█"와 "▬"은 서로 다른 것으로 취급함.
- 단, 기호 및 문자(예 : ☎, ♨, ♨, K, H)의 회전에 의한 효과는 본 문제의 풀이과정에 반영하지 않음. 즉, 입체도형을 펼쳐 전개도를 만들었을 때 "⛏"의 방향으로 나타나는 기호 및 문자도 보기에서는 "☎"방향으로 표시하며 동일한 것으로 취급함.

1

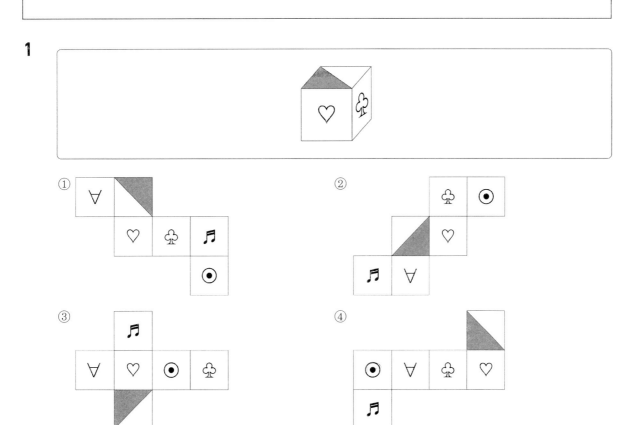

2

①

②

③

④

3

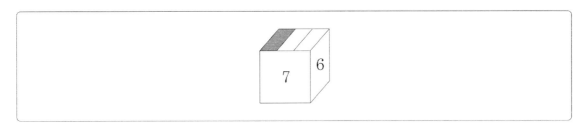

①
7		

②

③

④

4

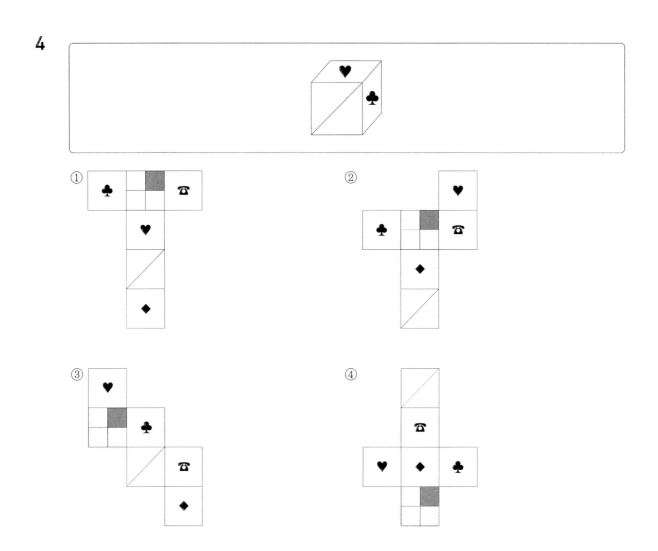

5

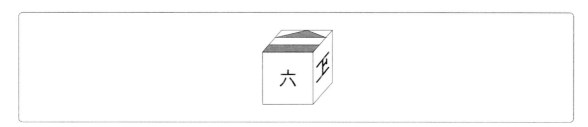

①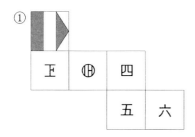

②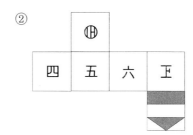

③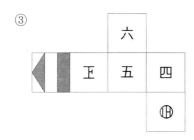

④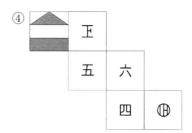

Q 다음 전개도를 접었을 때 나타나는 도형으로 알맞은 것을 고르시오. 【6~10】

※ 주의사항

• 전개도를 접을 때 전개도 상의 그림, 기호, 문자가 입체도형의 겉면에 표시되는 방향으로 접음.

• 전개도를 접어 입체도형을 만들 때, 전개도에 표시된 그림(예 : ▮, ◩ 등)은 회전의 효과를 반영함. 즉, 본 문제의 풀이과정에서 보기의 전개도 상에 표시된 "▮"와 "▬"은 서로 다른 것으로 취급함.

• 단, 기호 및 문자(예 : ☎, ♤, ♨, K, H)의 회전에 의한 효과는 본 문제의 풀이과정에 반영하지 않음. 즉, 전개도를 접어 입체도형을 만들었을 때에 "☏"의 방향으로 나타나는 기호 및 문자도 보기에서는 "☎"방향으로 표시하며 동일한 것으로 취급함.

6

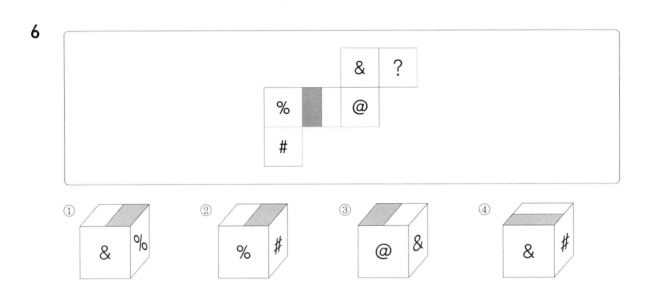

① & %   ② % #   ③ @ &   ④ & #

7

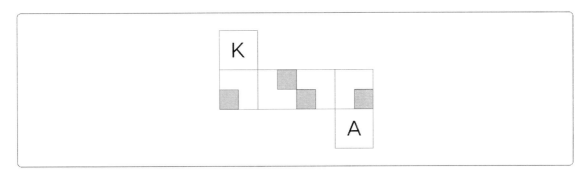

① 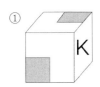　② 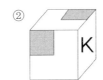　③ 　④

8

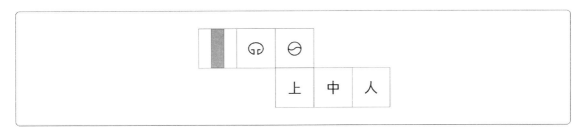

① 　② 　③ 　④

9

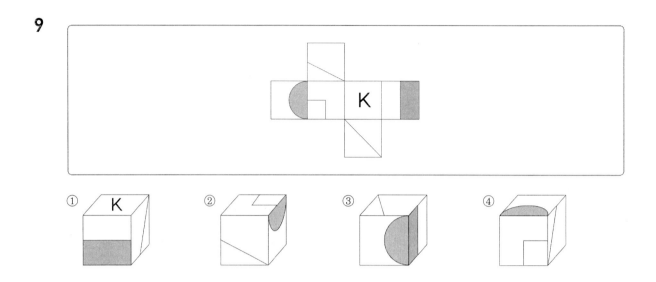

10

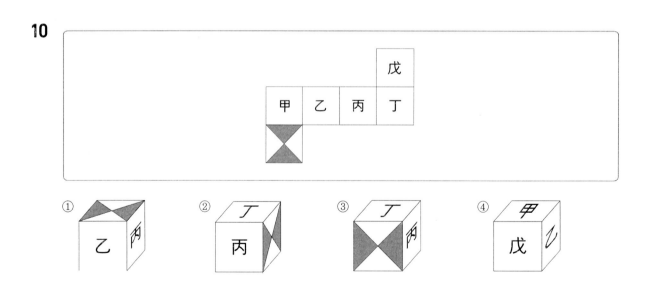

Q 아래에 제시된 그림과 같이 쌓기 위해 필요한 블록의 수는? 【11~14】

* 블록의 모양과 크기는 모두 동일한 정육면체임

11

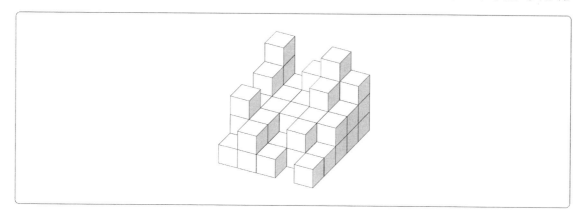

① 51

② 52

③ 53

④ 54

12

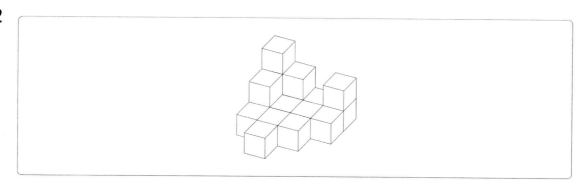

① 16

② 17

③ 18

④ 19

13

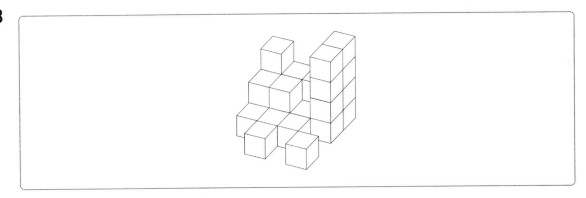

① 23

② 24

③ 25

④ 26

14

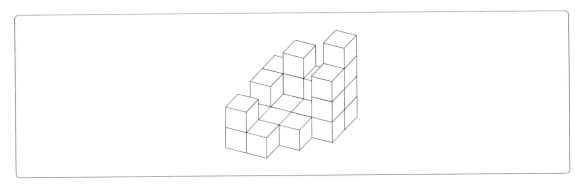

① 18

② 20

③ 22

④ 24

Q 아래에 제시된 블록들을 화살표 표시한 방향에서 바라봤을 때의 모양으로 알맞은 것은? 【15~18】

※ 주의사항
• 블록의 모양과 크기는 모두 동일한 정육면체임.
• 바라보는 시선의 방향은 블록의 면과 수직을 이루며 원근에 의해 블록이 작게 보이는 효과는 고려하지 않음.

15

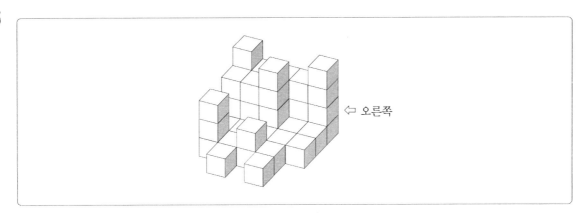

⇦ 오른쪽

① 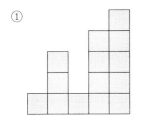　　② 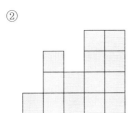　　③ 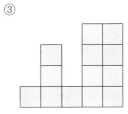　　④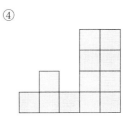

16

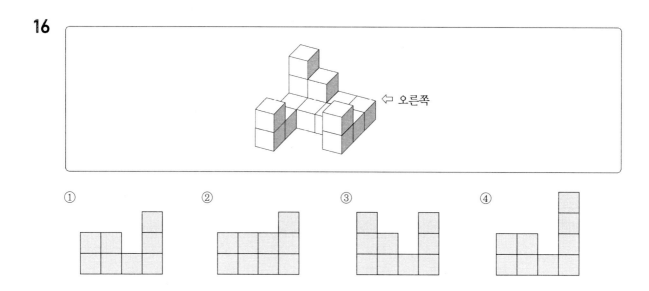

17

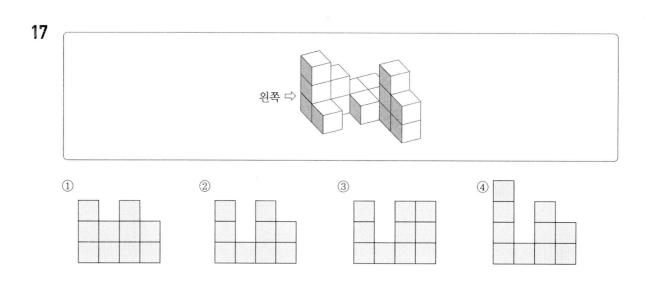

18

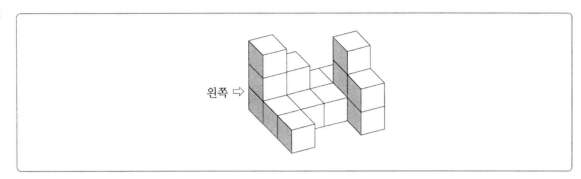

①   ② 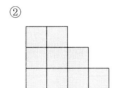 ③   ④

Q 다음 왼쪽과 오른쪽 기호, 문자, 숫자의 대응을 참고하여 각 문제의 대응이 같으면 '① 맞음'을, 틀리면 '② 틀림'을 선택하시오. 【1~5】

Υ=㉠　ơ=㉯　Ⅱ=㉰　ⓒ=㉣　Ω=㉤　Ⓜ=㉣
Ω=㉥　Ⓜ=㉦　↗=㉧　ⓝ=㉨　≈=㉩　H=㉺

1 ㉥㉦㉤㉠㉣ – ΩⓂΩΥⓒ　　①맞음　②틀림

2 ㉧㉺㉯㉰㉣ – ↗Hơ Ⅱ Ⓜ　　①맞음　②틀림

3 ㉣㉦㉠㉥㉣ – ⓒⓂΥΩⓂ　　①맞음　②틀림

4 ㉠㉣㉨㉥㉯ – ≈Ⅱ ⓝΩơ　　①맞음　②틀림

5 ㉺㉠㉯㉣㉧ – HΥơⓂ↗　　①맞음　②틀림

Q 다음에서 각 문제의 왼쪽에 굵은 글씨체의 기호, 문자 또는 숫자의 개수를 오른쪽에서 찾으시오. 【6~9】

6 ⼁　　ⲚⲢⲨ⳿ⳆⲎ⳿⳿⳿ⲂⲢⳆⳆ⳿ⳏⲎⲂ　　①1개　②2개　③3개　④4개

7 Ⳕ　　ⳔⳃⳅⳏⳃⳔⳋⳆⳇⳃⳕⳂⳉ⳿ⳁⳏⳋⳆⳃⳅⳃⳔⳅⳃ　　①1개　②2개　③3개　④4개

8 ஃ ᏣᏊⱵᏊRlWᏣ$ᒪIᏊஃஃᏊIVஃSᒪᏣIIᏊ

① 1개 ② 2개
③ 3개 ④ 4개

9 ⊳ ◁ ∪ ∩̊ ◁̇ ∪ ∩̊ ▽· ▷̈ ⊳ ▷̇ >̈ ·∧ ∪ ∩̊ ∩̇ ᑫ ᑯ̈ Γ̇ J·

① 1개 ② 2개
③ 3개 ④ 4개

Q 제시된 기호, 문자, 숫자의 대응을 참고하여 각 문제의 대응이 같으면 '① 맞음'을, 틀리면 '② 틀림'을 선택하시오. 【10~14】

F1 = ♯	F2 = ♮	F3 = ♭	F4 = 𝄞	F5 = 𝄢	F6 = 𝅘𝅥𝅯
F7 = ♩	F8 = ♩.	F9 = 𝅗𝅥	F10 = 𝅗𝅥.	F11 = ♪	F12 = ♬

10 F5 F2 F8 F4 F9 F1 – 𝄢 ♮ ♩. 𝄞 𝅗𝅥 ♯

① 맞음 ② 틀림

11 ♭ 𝅘𝅥𝅯 ♩. 𝄢 ♬ ♪ 𝅗𝅥. – F3 F6 F8 F5 F12 F11 F9

① 맞음 ② 틀림

12 F1 F3 F7 F5 F10 F9 – ♯ ♮ ♩ 𝄢 𝅗𝅥. 𝅗𝅥

① 맞음 ② 틀림

13 F3 F4 F12 F6 F8 F4 F8 – ♭ 𝄞 ♬ ♪ ♩. 𝄞 ♩

① 맞음 ② 틀림

14 𝄞 𝅗𝅥 ♪ ♪ ♩. ♬ ♩ 𝅘𝅥𝅯 𝅘𝅥𝅯 – F4 F9 F11 F11 F8 F12 F7 F6 F6

① 맞음 ② 틀림

Q 다음에서 각 문제의 왼쪽에 표시된 굵은 글씨체의 기호, 문자 또는 숫자의 개수를 오른쪽에서 모두 세어 보시오. 【15~19】

15 ㅅ   살어리 살어리랏다 청산에 살어리랏다.　　　　　① 5개　② 6개
　　　　　　　　　　　　　　　　　　　　　　　　　③ 7개　④ 8개

16 ㄴ   엄마야 누나야 강변 살자.　　　　　　　　　① 1개　② 2개
　　　　　　　　　　　　　　　　　　　　　　　　　③ 3개　④ 4개

17 ㄱ   지금 눈 내리고 매화 향기 홀로 아득하니　　　① 1개　② 2개
　　　　　　　　　　　　　　　　　　　　　　　　　③ 3개　④ 4개

18 ㅇ   어긔야 어강됴리 아으 다롱디리.　　　　　　① 5개　② 6개
　　　　　　　　　　　　　　　　　　　　　　　　　③ 7개　④ 8개

19 茄   苛覺覺街茄脚澗殼茄脚茄街茄茄珏苛苛街茄苛　① 5개　② 6개
　　　　　　　　　　　　　　　　　　　　　　　　　③ 7개　④ 8개

Q 다음 왼쪽과 오른쪽 기호, 문자, 숫자의 대응을 참고하여 각 문제의 대응이 같으면 '① 맞음'을, 틀리면 '② 틀림'을 선택하시오. 【20~22】

♤ = A	▷ = a	✔ = B	☛ = b	❤ = C	◉ = c
♧ = D	☆ = d	✳ = E	✘ = e	♪ = F	■ = f

20 A f a d e - ♤ ■ ▷ ☆ ✘   ① 맞음   ② 틀림

21 C d a B f - ❤ ★ ▷ ✔ ■   ① 맞음   ② 틀림

22 c D d a b - ◉ ♧ ☆ ▷ ♪   ① 맞음   ② 틀림

Q 다음 주어진 표의 알파벳과 숫자의 대응을 참고하여 각 문제의 대응이 같으면 답안지에 '① 맞음'을, 틀리면 '② 틀림'을 선택하시오. 【23~25】

A	B	C	D	E	F	G	H	I	J	K	L	M	N	O	P	Q	R	S	T	U	V	W	X	Y	Z
1	2	3	4	5	6	7	8	9	10	11	12	13	14	15	16	17	18	19	20	21	22	23	24	25	26

23 COW – 31523   ① 맞음   ② 틀림

24 DIEP – 49061   ① 맞음   ② 틀림

25 ZRTO – 26182015   ① 맞음   ② 틀림

Q 다음 주어진 표의 숫자와 문자의 대응을 참고하여, 각 문제에서 주어진 문자를 만들기 위한 번호를 바르게 나타내었으면 '① 맞음'을, 그렇지 않으면 '② 틀림'을 선택하시오. 【26~28】

공=◨	대=◆	모=◒	미=□	본=✚	부=◖	사=◇	시=✛	연=▼
원=◉	일=✖	전=◼	지=▲	참=◗	한=◑	함=◓	합=○	항=◎

26 참모본부 – ◗◒◆◖✚   ① 맞음   ② 틀림

27 한미연합사 – ◑□▼○◇   ① 맞음   ② 틀림

28 지대공미사일 – ▲◆◒□◇✖   ① 맞음   ② 틀림

Q 다음의 보기에서 각 문제의 왼쪽에 표시된 굵은 글씨체의 기호, 문자, 숫자의 개수를 세어 오른쪽 개수에서 찾으시오. 【29~30】

29 **2**   10250902820978101825874   ① 2개   ② 4개
                                                       ③ 6개   ④ 8개

30 **ㄱ**   그녀는 그 사고가 다른 운전자의 잘못이라고 주장했다.   ① 1개   ② 3개
                                                       ③ 5개   ④ 7개

CHAPTER 02 한국사   25문항/30분

1 다음 글의 사건이 일어난 후의 결과로 옳지 않은 것은?

> 임오년(1882) 6월 9일, 서울 군영의 군사들이 큰 소란을 피웠다. 갑술년(1874) 이후 대궐에서 쓰이는 경비가 끝이 없었다. 호조와 선혜청의 창고도 고갈되어 서울의 관리들은 봉급이 지급되지 않았으며, 5군영의 병사도 종종 급식을 받지 못하여 급기야 5군영을 2군영으로 줄이고 노약자는 내쫓았다. 도태되어 기댈 곳이 없던 이들은 완력으로 난을 일으키려고 하였다.

① 조청상민수륙무역장정을 통해 청의 내정간섭이 심해졌다.
② 제물포조약을 통해 일본에게 배상금을 지불하였다.
③ 흥선대원군이 재집권하게 되었다.
④ 강화도조약을 통해 인천, 원산, 부산이 개항되었다.

2 지문의 내용으로 일어난 사건에 대한 설명으로 옳지 않은 것은?

> 1929년 10월 30일 오후 5시반경 광주발 통학열차가 나주에 도착하였을 때 일본인 학생 몇 명이 광주여자고등보통학교 3학년 학생 박기옥(朴己玉), 이금자(李錦子), 이광춘(李光春) 등의 댕기 머리를 잡아당기면서 모욕적인 발언과 조롱을 하였다. 그때 역에서 같이 걸어 나오고 있던 박기옥의 4촌 남동생이며 광주고등보통학교 2학년생인 박준채(朴準琛) 등이 격분하여 이들과 충돌하였다.

① 동맹휴교, 가두시위 등을 통해 전개되었다.
② 신민회가 이 운동을 적극 지원하였다.
③ 3·1운동 이후 최대의 민족운동이다.
④ 식민지 교육 체제를 반대하고 민족교육을 주장하였다.

3 다음 사료와 관련된 단체에 대한 설명으로 옳지 않은 것은?

> 강도 일본이 우리의 국호를 없애며, 우리의 정권을 빼앗으며, 우리 생존의 필요조건을 다 박탈했다. …
> (중략)… 조선 민족의 생존을 유지하자면 강도 일본을 쫓아낼 것이며, 강도 일본을 쫓아내자면 오직 혁명
> 으로써 할 뿐이니, 혁명이 아니고는 강도 일본을 쫓아낼 방법이 없는 바이다.

① 김원봉에 의해 조직되었다.

② 일본 고관의 암살과 주요기관 폭파가 목적이었다.

③ 김익상은 조선총독부를 폭파했다.

④ 해외에 독립운동 기지를 건설했다.

4 다음 사료와 관련된 독립운동으로 옳지 않은 것은?

> 오등(吾等)은 이에 아(我) 조선의 자주 독립국임과 조선인의 자주민임을 선언하노라. 이로써 자손만대에
> 고하여 민족자존의 정당한 권리를 영유하게 하노라. 반만년 역사의 권위를 장하여 이를 선언함이며, 2천
> 만 민중의 충성을 합하여 이를 포명함이며 …(후략)…

① 민족주의계열 독립운동가와 사회주의계열 독립운동가가 합세한 운동이다.

② 국외 무장 독립 투쟁이 활성화 되는 계기가 된다.

③ 임시정부가 수립되는 계기가 된다.

④ 다른 나라들의 독립운동에 영향을 주었다.

5 다음 사료와 관련된 단체의 설명으로 옳지 <u>않은</u> 것은?

> 이에 관민공동회에 참석한 회원 일동은 만세를 부른 뒤에 관리와 백성들에게 먼저 의견을 개진할 것을 요청하였다. 백정 박성춘이 말하였다. "이 사람은 바로 대한에서 가장 천한 사람이고 매우 무식합니다. 그러나 임금께 충성하고 나라를 사랑하는 뜻은 대강 알고 있습니다. 이제 나라를 이롭게 하고 백성을 편리하게 하는 방도는 관리와 백성이 마음을 합한 뒤에야 가능하다고 생각합니다."

① 황국협회와 군대에 의해 강제 해산 되었다.

② 열강의 이권침탈에 대항하기 위해 설립되었다.

③ 청나라의 사신을 환영하던 영은문을 헐고 독립문을 지었다.

④ 복벽주의를 주장했다.

6 (가) 단체의 활동으로 옳은 것은?

> ((가))은/는 지금 종로 네거리, 그때의 운종가 광장에서 시민, 학생, 노동자 할 것 없이 수만 명의 사람들과 함께 만민 공동회를 열어 정치를 비판하고 시국을 규탄하는 것을 주도하였다. 이후 ((가))이/가 관민 공동회를 개최하여 이 자리에 참여한 각 대신 및 주요 관리와 함께 '외국과의 이권에 대한 조약 체결, 재정, 중대한 범죄자의 공판, 칙임관의 임명' 등에 관한 6개조를 결의하였다.

① 독립문 건립　　　　　　　　　② 형평 운동 전개

③ 교조 신원 운동 추진　　　　　　④ 오산 학교와 대성 학교 설립

7 다음을 배경으로 발생한 사건은?

> • 도쿄의 2 · 8 독립 선언 　　　　• 윌슨의 민족자결주의 발표

① 3 · 1 운동 　　　　　　　　② 국채 보상 운동
③ 항일 운동 　　　　　　　　④ 동학 농민 운동

8 다음 (가)와 (나)가 바르게 짝 지어지지 않은 것은?

> 나는 애국 계몽 단체인 (가)에서 (나) 활동을 할 것이다.

① 신민회 – 민족 자본 육성
② 보안회 – 일본의 황무지 개간권 요구 저지
③ 대한 자강회 – 고종의 강제 퇴위 반대 운동 전개
④ 헌정 연구회 – 공화정 수립을 목표로 정치 개혁 주장

9 다음 중 가장 먼저 발생한 시기에 대한 설명으로 알맞은 것은?

> ㉠ 표면적 문화 통치 시기
> ㉡ 민족 말살 통치 시기
> ㉢ 무단 통치 시기

① '일본과 조선의 조상이 하나의 민족'이라는 사상을 강조하였다.
② 일제의 식민지 지배에 순종하는 한국인을 양성하였다.
③ 치안유지법을 시행하였다.
④ 일본식 성을 쓰도록 강요하였다.

10 다음 설명으로 옳은 것은?

<한국사 과제-개항 이후 발행된 신문 중 하나를 선택하여 보고서 제출>
- 대한매일신보 ⋯ ㈎
- 독립신문 ⋯ ㈏
- 제국신문 ⋯ ㈐
- 한성순보 ⋯ ㈑

① ㈎ - 영국인 베델이 발행인으로 참여하였지만 일제의 강력한 간섭을 받았다.
② ㈏ - 한글판으로 발행하여 국내의 소식만을 전달하였다.
③ ㈐ - 서민과 부녀자를 대상으로 발행했으며 자주독립과 개화를 강조하였다.
④ ㈑ - 을사조약을 비판하며 장지연의 '시일야방성대곡'을 게재하였다.

11 산미 증식 계획에 대한 설명으로 옳지 않은 것은?

① 한반도의 식량 부족 문제를 해결하고자 하였다.
② 품종 개량, 수리 시설 확충, 개간 등을 통해 논농사 중심구조로 쌀을 증산하였다.
③ 생산량은 증가하였지만 목표에 미치지 못했다.
④ 증산량보다 많은 쌀을 일본으로 가져가서 조선의 식량난이 가중되었다.

12 다음과 같은 구호를 내걸고 일제 강점기에 전개된 경제적 운동은?

"내 살림 내 것으로, 조선 사람 조선 것으로"

① 물산 장려 운동　　　　　　② 민립 대학 설립 운동
③ 농촌 계몽 운동　　　　　　④ 학생들의 민족 운동

13 다음 인물들로 유추하였을 때 발생한 사건에 대한 설명으로 알맞지 않은 것은?

> • 이승만 – 반공 체제를 이용하여 권력 유지
> • 김일성 – 반대파를 제거하고 독재 체제 강화

① 미국 국무장관의 선언으로 미국의 극동 방위선에서 한반도가 제외된 것이 북한 남침의 계기가 되었다.
② 중국군이 개입하여 남한을 도운 결과 서울을 재탈환하였다.
③ 북한의 남침으로 부산을 임시 수도로 정하였다.
④ 사상자, 전쟁고아, 이산가족 발생 등 수많은 인적 피해가 발생하였다.

14 다음을 통해 알 수 있는 민족 운동에 대한 설명으로 옳은 것은?

> 지난날 정부가 진보에 급급하여 들여온 국채가 1천 300만 원이라. 그 마음에 어찌 차관으로 국가의 대사업을 일으킬 생각이 없었으리오. 그러나 오늘에 우리 2천만 동포들이 가령 한 사람이 1원을 낸다면 2천만 원이요, 50전씩이면 1천만 원이니, 빚을 갚는 일이 어찌 불가능하리오.

① 조선책략 유포에 반대하였다.
② 순종의 인산일을 기해 일어났다.
③ 신군부의 무력에 의해 진압되었다.
④ 대한매일신보 등 언론사의 지원을 받았다.

15 ㈎ 인물이 집권하던 시기에 대한 설명으로 옳은 것은?

> 우리나라 대통령을 순서대로 나열하면 '이승만 – 윤보선 – ㈎ – ㈏ – ㈐ – 노태우 – 김영삼 – 김대중 – 노무현 – 이명박 – 박근혜 – 문재인'이다.

① 한·일협정을 체결하였다.
② 광주 민주화 운동으로 계엄령이 전국에 확대되었다.
③ 최초로 정권이 평화적으로 교체되었다.
④ 부정선거로 인해 4·19혁명이 발생하였다.

16 다음 내용과 관련된 사건은?

> "이번 대통령 선거에 많은 후보가 나오는군. 우리가 대통령을 직접 뽑을 수 있게 되었다니 세상 참 좋아졌어."

① 6·25전쟁   ② 4·19혁명
③ 5·18 민주화 운동   ④ 6월 민주 항쟁

17 ㈎와 ㈏에 들어갈 단어를 순서대로 나열한 것은?

> 김원봉이 조직한 ㈎에서 ㈏는(은) 조선 총독부에 폭탄을 투척하였다.

① 의열단, 김익상   ② 의열단, 김상옥
③ 한인 애국단, 이봉창   ④ 한인 애국단, 윤봉길

18 다음 (가)에 들어갈 내용으로 알맞은 것은?

(가)
첫째, 통일은 외세에 의존하거나 외세에 간섭을 받음이 없이 자주적으로 해결한다. 둘째, 통일은 서로 상대방을 반대하는 무력행사에 의거하지 않고 평화적 방법으로 실현한다. 셋째, 사상과 이념, 제도의 차이를 초월하여 우선 하나의 민족으로서 민족 대단결을 도모한다.

① 남북협상론

② 민족화합 민주통일방안

③ 7 · 4 남북 공동 성명

④ 화해와 불가침 및 교류 협력에 관한 합의서

19 다음은 무엇을 설명하는 것인가?

> 일본 재정 고문관인 메가다의 주도로 일본 제일 은행권을 본위 화폐로 삼았다. 상인들이 기존에 사용하던 백동화는 가치 절화로 많은 손실을 보게 되었다.

① 화폐 정리 사업

② 국채 보상 운동

③ 전매 제도 실시

④ 경제적 침탈에 대한 저항

20 상해 홍구공원에서 폭탄을 던져 일본군을 응징함으로써 중국 정부와 중국인에게 큰 감동을 준 애국지사는?

① 윤봉길

② 나석주

③ 이봉창

④ 김원봉

21 다음 내용과 관계 깊은 것은?

> • 신사 참배
> • 내선일체론
>
> • 일본식 성과 이름 강요
> • 한글, 한국어 사용 금지

① 민족 말살 정책
③ 토지 조사 사업

② 산미 증식 계획
④ 물적 · 인적 자원 수탈

22 다음 사건의 순서가 바르게 연결된 것은?

> ㉠ 갑신정변
> ㉢ 갑오개혁
>
> ㉡ 아관파천
> ㉣ 강화도 조약

① ㉠→㉡→㉢→㉣
③ ㉢→㉠→㉣→㉡

② ㉠→㉣→㉡→㉢
④ ㉣→㉠→㉢→㉡

23 다음과 관계된 시대적 상황에 대한 설명이 옳은 것은?

> "나는 통일된 조국을 건설하려다가 38도선을 베고 쓰러질지언정 일신의 구차한 안일을 위하여 단독 정부를 세우는 데는 협력하지 않겠다."
>
> 김구, 「3천만 동포에게 읍고함」

① 남한에서 최초의 총선거가 실시되었다.
② 좌우합작위원회가 해체되었다.
③ 조선인민군 창설을 발표하였다.
④ 모스크바 3상회의에서 한국에 대한 신탁통치가 체결되었다.

24 해방 이후의 경제 정책과 경제생활에 관한 설명으로 옳은 것은?

① 1950년대에는 농지개혁법의 시행으로 농민층의 부담은 경감되고 지주층은 불리해졌다.
② 1960년대에는 두 차례에 걸친 경제개발계획으로 경제의 대외 의존도가 크게 완화되었다.
③ 1970년대에는 '8 · 3 조치'를 통해 기업에 특혜를 주었고 중화학 공업화를 추진하였다.
④ 1980년대에는 '3저 현상'에 따른 한국 경제의 고속성장으로 노동 운동이 위축되었다.

25 다음 내용과 관련 있는 사건은?

> • 자유당 정권의 부정 선거
> • 경찰이 학생과 시민의 시위를 폭력으로 진압

① 6 · 25 전쟁　　　　　　　　　② 4 · 19 혁명
③ 5 · 18 민주화 운동　　　　　　④ 6월 민주 항쟁

2회 실전 모의고사

≫ 정답 및 해설 p.257

CHAPTER 01 인지능력평가

언어논리   25문항/20분

Q 다음 문장의 문맥상 (   ) 안에 들어갈 단어로 가장 적절한 것을 고르시오. 【1~4】

1

> 최근 전동킥보드를 이용하는 사람이 많아짐에 따라 새롭게 관련법을 (   )해야 한다는 목소리가 커지고 있다.

① 미정   ② 예정
③ 제정   ④ 확정
⑤ 시정

2

> 수도권에 대한 그린벨트 지정이 확대됨에 따라 개발이 (   )되는 곳이 늘어났다.

① 제공   ② 제작
③ 제소   ④ 제어
⑤ 제한

3

> 한류의 영향력이 커지면서 한국어를 배우고 싶어 하는 외국인이 많아졌기 때문에 서원출판사에서는 비영어권 외국인을 위한 알기 쉬운 한국어 (　　　)서를 출간하였다.

① 입주　　　　　　　　　　② 입학
③ 입문　　　　　　　　　　④ 입력
⑤ 입상

4

> 예술작품에 대한 사람들의 관심이 늘어나면서 유명 화가의 그림을 그대로 (　　　)한 그림이 시장에 팔리고 있다.

① 모사　　　　　　　　　　② 모집
③ 모병　　　　　　　　　　④ 모략
⑤ 모임

Q 다음 밑줄 친 부분과 같은 의미로 사용된 것을 고르시오. 【5~6】

5

> 보건복지부는 노인·한부모 가구에 배우자, 1촌의 직계혈족 등 부양할 수 있는 가족이 있으면 기초생활보장제도 생계급여를 주지 않는 기존의 기준을 폐지하고 수급 대상자를 확대한다고 밝혔다. 이에 따라 부양가족이 있다는 이유로 급여를 <u>타지</u> 못하거나 부양가족이 부양 능력이 없음을 입증해야 하던 약 15만 7천 가구가 새로 수급 대상이 된다.

① 오랜만에 놀러온 친구에게 특별한 커피를 <u>타서</u> 주었다.
② 영연방 국가에서는 현재에도 말을 <u>타고</u> 다니는 기마경찰을 볼 수 있다.
③ 그 자리에는 다 <u>타서</u> 꺼져가는 불씨만이 남았다.
④ 찌는 듯한 뙤약볕에 살갗이 <u>탔다</u>.
⑤ 그는 4년간 성적장학금을 <u>타서</u> 학비에 보탰다.

6

> 이청준은 예술가나 장인들의 세계를 <u>다룬</u> 작품을 많이 썼다. 이들은 세속적 가치를 강요하는 외부의 압력에 굴하지 않고 자신들의 엄격성을 지키려는 인간들이다. 또한 현실과 이상의 괴리를 극복하고 예술혼을 고양시켜 근원적인 삶의 의미를 발견하려 애쓰는 인물들이다.

① 정보과라면 적어도 사기, 치정, 폭행 따위의 사건을 <u>다루는</u> 곳이 아니란 것쯤은 나도 잘 알고 있다.

② 이 상점은 주로 전자 제품만을 <u>다룬다</u>.

③ 요즘 아이들은 학용품을 소중히 <u>다루는</u> 경향이 있다.

④ 일간지들은 경제 위기의 사회 문제를 비중 있게 <u>다루고</u> 있다.

⑤ 그는 상대 선수를 마음대로 <u>다루어</u> 쉽게 승리했다.

7 다음 글에서 추론할 수 있는 내용으로 옳지 않은 것은?

> 지난해에 이어 지구촌 곳곳이 폭염으로 신음하고 있다. 러시아 내륙의 강과 호수에는 더위를 견디지 못해 죽은 물고기들이 수면 위로 떠다니고 있다. 폭염으로 수온이 오르면서 용존 산소량이 부족해졌기 때문이다. 무엇보다 폭염으로 인해 가장 큰 피해를 입은 것은 농작물이며, 러시아 전체 수확량의 5분의 1 정도가 줄어든 것으로 집계되고 있다. 이에 따라 러시아 정부는 치솟는 농산물 값을 잡기 위해 정부 비축 곡물 300만 톤을 시장에 풀기로 하였다. 한편 미국에서는 더위로 가축이 폐사하면서 고기값이 치솟고 있다.

① 자연 현상은 보편성을 띤다.

② 자연 현상은 반복이 가능하다.

③ 사회·문화 현상에는 인간의 의지가 개입된다.

④ 자연 현상은 사회·문화 현상에 영향을 끼친다.

⑤ 사회·문화 현상과 달리 자연 현상에는 인과 관계가 나타난다.

8 다음 대화를 읽고 파악한 대화의 주제로 알맞은 것은?

> 갑 : 나는 우리들의 이야기를 쓴 책이 좋다고 생각해. 그런 책은 우리 이야기니까 재미도 있고 공감하는 부분도 많거든.
>
> 을 : 네 말이 맞아. 애들은 재미가 없으면 잘 읽으려고 하지 않아. 만화책을 많이 읽는 것도 결국은 재미 때문이잖아?
>
> 병 : 나는 누가 책을 썼느냐가 중요하다고 생각해. 글쓴이가 유명하면 책 내용도 좋지 않겠어?
>
> 정 : 나는 서점에서 많이 팔리는 책이 좋다고 생각해. 그 책이 좋으니까 많은 사람들이 사서 읽는 것은 아닐까?
>
> 무 : 그런 책이 모두 좋다고만 할 수 없어. 그보다는 우리 수준에 맞아야 한다고 생각해. 어른들이 좋다고 해도 너무 어려워서 읽지 못한다면 소용없는 일 아니니?

① 만화책을 읽으면 안 되는 이유
② 좋은 책이 갖추어야 할 조건
③ 책을 많이 읽어야 하는 이유
④ 청소년기 독서의 중요성
⑤ 재미있는 책을 고르는 방법

9 다음에 제시된 문장의 밑줄 친 부분의 의미가 나머지와 가장 다른 것은?

① 그는 아프리카 난민 <u>돕기</u> 운동에 참여하였다.
② 민수는 물에 빠진 사람을 <u>도왔다</u>.
③ 불우이웃을 <u>돕다</u>.
④ 한국은 허리케인으로 인하여 발생한 미국의 수재민을 <u>도왔다</u>.
⑤ 이 한약재는 소화를 <u>돕는다</u>.

10 다음 문장에서 경어법이 잘못 사용된 개수는?

> 먼저 본인을 대표로 선출하여 주신 대의원 여러분과 국민 여러분에게 감사의 뜻을 표하고자 합니다.

① 0개   ② 1개
③ 2개   ④ 3개
⑤ 4개

Q 다음 빈칸에 공통으로 들어갈 단어로 알맞은 것을 고르시오. 【11~12】

11

> • 이번 올림픽에서는 세계 신기록이 여러 번 (　)되었다.
> • 주가가 1000포인트를 (　)했다.
> • 국제 유가가 연일 사상 최고치를 (　)하면서 경제 전망을 어둡게 하고 있다.

① 개선(改善)   ② 경신(更新)
③ 개정(改正)   ④ 갱생(更生)
⑤ 개괄(槪括)

12

> • 컨디션 난조에 따른 자신감 (　)로 제 기량을 발휘하기 어려웠다.
> • 그 사람은 진실성이 (　)돼 있다는 느낌을 받곤 한다.
> • 문화재 보호 기능이 (　)된 등록문화재 제도에 대해 전면 재검토할 것을 결정했다.

① 결여   ② 경시
③ 견지   ④ 괄시
⑤ 박멸

13 다음 글을 설명하는 말로 적절한 것은?

> 충무공 이순신은 명량해전을 앞두고 임금에게 글을 올려 "~신에게는 아직 배가 열 두 척이 남아있고 신은 아직 죽지 않았습니다."라고 했다. 충무공은 부하들에게 반드시 죽고자 하면 살고, 반드시 살고자하면 죽을 것이라며 한 사람이 길목을 지키면 천 명도 두렵게 할 수 있다고 비장하게 격려했다.

① 군신유의(君臣有義)　　　　　　② 적자생존(適者生存)
③ 파부침선(破釜沈船)　　　　　　④ 혼정신성(昏定晨省)
⑤ 발본색원(拔本塞源)

14 다음 빈칸에 알맞은 접속사는?

> 우리말을 외국어와 비교하면서 우리말 자체가 논리적 표현을 위해서는 부족하다는 것을 주장하는 사람들이 있다. (　　) 우리말이 논리적 표현에 부적합하다는 말은 우리말을 어떻게 이해하느냐에 따라 수긍이 갈 수도 있고 그렇지 않을 수도 있다.

① 그리고　　　　　　　　　　　② 그런데
③ 왜냐하면　　　　　　　　　　④ 그러나
⑤ 그래서

15 다음 글의 제목으로 가장 적절한 것은?

실험심리학은 19세기 독일의 생리학자 빌헬름 분트에 의해 탄생된 학문이었다. 분트는 경험과학으로서의 생리학을 당시의 사변적인 독일 철학에 접목시켜 새로운 학문을 탄생시킨 것이다. 분트 이후 독일에서는 실험심리학이 하나의 학문으로 자리 잡아 발전을 거듭했다. 그런데 독일에서의 실험심리학 성공은 유럽 전역으로 확산되지는 못했다. 왜 그랬을까? 당시 프랑스나 영국에서는 대학에서 생리학을 연구하고 교육할 수 있는 자리가 독일처럼 포화상태에 있지 않았고 오히려 팽창 일로에 있었다. 또한, 독일과는 달리 프랑스나 영국에서는 한 학자가 생리학, 법학, 철학 등 여러 학문 분야를 다루는 경우가 자주 있었다.

① 유럽 국가 간 학문 교류와 실험심리학의 정착
② 유럽에서 독일의 특수성
③ 유럽에서 실험심리학의 발전 양상
④ 실험심리학과 생리학의 학문적 관계
⑤ 실험심리학에 대한 유럽과 독일의 차이

16 다음 빈칸 안에 들어갈 알맞은 것은?

마리아 릴케는 많은 글에서 '위대한 내면의 고독'을 즐길 것을 권했다. '고독은 단 하나 뿐이며 그것은 위대하며 견뎌 내기가 쉽지 않지만, 우리가 맞이하는 밤 가운데 가장 조용한 시간에 자신의 내면으로 걸어 들어가 몇 시간이고 아무도 만나지 않는 것, 바로 이러한 상태에 이를 수 있도록 노력해야 한다'고 언술했다. 고독을 버리고 아무하고나 값싼 유대감을 맺지 말고, 우리의 심장의 가장 깊숙한 심실(心室) 속에 _____을 꽉 채우라고 권면했다.

① 이로움   ② 고독
③ 흥미   ④ 사랑
⑤ 행복

17 다음 글에서 괄호에 들어갈 내용으로 가장 알맞은 것은?

> 오늘날의 우리에게는 지금이 격변의 시기로 보일지 모르나, 서양의 19세기말은 다음에서 보듯이 (   ) 시기에 해당한다. 19세기 중엽 사진기의 등장과 함께 그리는 작업의 의미가 무엇인지에 대한 답이 더 이상 외부세계의 모사라는 전통적 견해에서 주어질 수는 없었다. 이 때 고흐는 외부세계를 그대로 옮기는 것이 아니라 세계를 바라보는 화가 자신의 이미지를 화폭에 담고자 했다. 그리고 19세기말 경제학자들은 가치란 사물 자체에 내재하기보다는 사물이 사용자에게 갖는 효용가치에 주목하기 시작했다. 또한 법의 타당성을 법조문 자체에서 구하는 이른바 개념주의적 접근이 대세일 때, 일군의 법학자들은 법의 타당성을 이의 적용을 받는 사람들의 삶에서 이끌어내고자 노력하였다. 이를테면 헌법은 시대정신의 총화인 것이다. 시선을 인간의 외부에서 내부로 전환하기를 착수한 시기가 바로 서양의 19세기말이었던 것이다.

① 화풍의 전환
② 가치의 변화
③ 시대정신의 변화
④ 패러다임의 총체적 전환
⑤ 이데올로기의 변화

18 다음 시의 제목으로 적절한 것은?

> 마음도 없는 것이
> 손도 발도 없는 것이
> 녹으면 단지 한 옴큼 구정물인 것이
> 길을 환하게 한다.
> 차가운 것이 나를 따뜻하게 한다.

① 장승
② 아이스크림
③ 가로등
④ 눈사람
⑤ 우박

Q 다음 글을 읽고 순서에 맞게 논리적으로 배열한 것을 고르시오. 【19~20】

19

> ㉠ 정확한 보도를 하기 위해서는 문제를 전체적으로 보아야 하고, 역사적으로 새로운 가치의 편에서 봐야 하며, 무엇이 근거이고, 무엇이 조건인가를 명확히 해야 한다.
>
> ㉡ 양심적이고자 하는 언론인이 때로 형극의 길과 고독의 길을 걸어야 하는 이유가 여기에 있다.
>
> ㉢ 신문이 진실을 보도해야 한다는 것은 새삼스러운 설명이 필요 없는 당연한 이야기이다.
>
> ㉣ 이러한 준칙을 강조하는 것은 기자들의 기사 작성 기술이 미숙하기 때문이 아니라, 이해관계에 따라 특정 보도의 내용이 달라지기 때문이다.
>
> ㉤ 자신들에게 유리하도록 기사가 보도되게 하려는 외부 세력이 있으므로 진실 보도는 일반적으로 수난의 길을 걷게 마련이다.

① ㉠㉢㉤㉡㉣
② ㉢㉠㉣㉡㉤
③ ㉢㉠㉣㉤㉡
④ ㉠㉢㉣㉤㉡
⑤ ㉣㉠㉡㉢㉤

20

> ㉠ 지식인이 자기와 무관한 일에 끼어들려고 하는 사람이라는 지적은 옳다.
>
> ㉡ 사실 프랑스에서는 드레퓌스 사건이 일어났을 당시 '지식인' 아무개라고 하는 말이 부정적 의미와 함께 유행하기도 하였다.
>
> ㉢ 반(反)드레퓌스파의 입장에서 볼 때 드레퓌스 대위가 무죄석방되느냐, 유죄판결을 받느냐 하는 문제는 군사법정, 즉 국가가 관여할 문제였다.
>
> ㉣ 그런데 드레퓌스 옹호자들은 피의자의 결백을 확신한 나머지 '자기들의 권한 바깥에까지' 손을 뻗은 것이다.
>
> ㉤ 본래 지식인들은 지적 능력과 관계되는 일을 통해 어느 정도의 명성을 얻고, 이 명성을 '남용하여' 자기들의 영역을 벗어나 인간이라고 하는 보편적인 개념을 내세워 기존 권력을 비판하려고 드는 사람들을 의미하는 것 같다.

① ㉡㉣㉢㉤㉠
② ㉡㉢㉤㉣㉠
③ ㉠㉡㉢㉣㉤
④ ㉠㉢㉡㉤㉣
⑤ ㉢㉠㉡㉣㉤

21 다음 제시문의 일화를 통해 알 수 있는 것은?

> 어느 날, 돼지가 주인이 주는 먹이를 맛있게 먹으면서 다음과 같이 중얼거렸다. "주인님은 매일 내게 먹이를 주고 계셔. 그렇다면 내일 아침에도 틀림없이 나는, 주인님이 주시는 먹이를 먹을 수 있을 거야." 그러나 그 다음날 돼지는 먹이를 먹기는커녕 잔칫상에 올라가는 신세가 되었다.

① 연역은 전제와 결론의 연관성을 보장하지 못한다.
② 연역은 항상 새로운 지식을 제공한다.
③ 귀납은 항상 새로운 지식을 제공한다.
④ 연역의 전제가 결론을 확실하게 보장하지 못한다.
⑤ 귀납의 전제가 결론을 확실하게 보장하지 못한다.

Ⓠ 다음 글을 읽고 물음에 답하시오. 【22~23】

> 지레는 가운데에 어떤 점이 놓이느냐에 따라 1종, 2종, 3종 지레로 ㉠<u>나뉜다</u>. 1종 지레는 작용점과 힘점 사이에 받침점이 놓여 있으며, 힘점과 작용점은 힘의 방향이 반대이다. 무거운 돌을 들기 위해서는 지렛대 끝에 힘을 주어야 하는데, 그 이유는 받침점과 작용점 사이의 거리보다 받침점과 힘점 사이의 거리가 길수록 작용점에 미치는 힘이 커지기 때문이다. 2종 지레는 받침점과 힘점 사이에 작용점이 놓여 있으며, 힘점과 작용점은 힘의 방향이 같다. 이 경우도 1종 지레와 마찬가지로 병따개 손잡이의 뒤쪽을 잡을수록 작은 힘으로 병뚜껑을 딸 수 있다. 따라서 1, 2종 지레를 사용하면 작은 힘을 가하여 큰 힘을 얻을 수 있다.
>
> 3종 지레는 받침점과 작용점 사이에 힘점이 놓여 있으며, 힘점과 작용점은 힘의 방향이 같다. 3종 지레는 1, 2종 지레와 달리 받침점에서 힘점까지의 거리가 받침점에서 작용점까지의 거리보다 짧기 때문에 작은 힘을 가하여 큰 힘을 얻을 수는 없다. 하지만 힘점을 짧게 움직여서 작용점을 길게 움직일 수 있기 때문에 이동 거리 측면에서는 효율적이다. 핀셋의 경우, 힘점에 가하는 힘에 비해 작용점에 미치는 힘이 더 작지만, 힘점인 가운데 부분을 조금만 움직여도 작용점인 끝부분이 더 많이 움직이게 된다. 따라서 3종 지레를 사용하면 짧은 거리를 움직여서 긴 거리를 움직이게 할 수 있다.

22 다음 글을 읽고 글의 내용을 올바르게 이해한 사람은?

① 甲 : 병따개는 3종 지레의 원리를 이용했군.

② 乙 : 힘점과 작용점의 힘의 방향이 같은지와 다른지를 통해 1종과 2종 지레를 구분할 수는 없겠네.

③ 丙 : 핀셋은 작은 힘을 가하여 큰 힘을 얻을 수 있구나.

④ 丁 : 1종 지레는 이동 거리 측면에서 효율적이야.

⑤ 戊 : 팔을 움직일 때 근육이 수축한 거리보다 손바닥이 움직인 거리가 기니까 팔(인체)은 3종 지레의 원리로 움직이는군.

23 문맥상 ⊙과 바꿔 쓰기에 적절한 것은?

① 분류(分類)된다

② 분석(分析)된다

③ 대체(代替)된다

④ 정의(定義)된다

⑤ 판단(判斷)된다

컴퓨터로 작업을 하다가 전원이 꺼져 작업하던 데이터가 사라져 낭패를 본 경험이 한 번쯤은 있을 것이다. 이는 현재 컴퓨터에서 주 메모리로 D램을 사용하기 때문이다. D램은 전기장의 영향을 받으면 극성을 띠게 되는 물질을 사용하는데 극성을 띠면 1, 그렇지 않으면 0이 된다. 그런데 D램에 사용되는 물질의 극성은 지속적으로 전원을 공급해야만 유지된다. 그래서 D램은 읽기나 쓰기 작업을 하지 않아도 전력이 소모되며, 전원이 꺼지면 데이터가 모두 사라진다는 문제점을 안고 있다.

이러한 D램의 문제를 해결할 수 있는 차세대 램 메모리로 가장 주목을 받고 있는 것은 M램이다. M램은 두 장의 자성 물질 사이에 얇은 절연막을 끼워 넣어 접합한 구조로 되어 있다. 절연막은 일반적으로 전류의 흐름을 막는 것이지만 M램에서는 절연막이 매우 얇아 전류가 통과할 수 있다. 그리고 자성 물질은 자석처럼 일정한 자기장 방향을 가지는데, 아래 위 자성 물질의 자기장 방향에 따라 저항이 달라진다. 자기장 방향이 반대일 경우 저항이 커져 전류가 약해지지만 자기장 방향이 같을 경우 저항이 약해져 상대적으로 강한 전류가 흐르게 된다. M램은 이 전류의 강도 차이를 감지해 전류가 상대적으로 약할 때 0, 강할 때 1로 읽게 된다. 자성 물질은, 강한 전기 자극을 가하면 자기장 방향이 바뀌는데 이를 이용해 한쪽 자성 물질의 자기장 방향만 바꿈으로써 쓰기 작업도 할 수 있다.

자성 물질의 자기장 방향은 전기 자극을 가해주지 않는 이상 변하지 않기 때문에 M램에서는 D램에서처럼 지속적으로 전원을 공급할 필요가 없다. 그렇기 때문에 D램에 비해 훨씬 적은 양의 전력을 사용하면서도 속도가 빠르며, 전원이 꺼져도 데이터를 잃어버릴 염려가 없다. 이런 장점들로 인해 M램이 일반화되면 컴퓨터뿐만 아니라 스마트폰이나 태블릿 PC와 같은 모바일 기기들의 성능은 크게 향상될 것이다.

(　　) M램이 일반화되기 위해서는 기술적 과제들도 많다. M램은 매우 얇은 막들을 쌓은 구조이기 때문에 이러한 얇은 막들이 원하는 기능을 하도록 제어하는 것은 기존의 반도체 공정으로는 매우 어렵다. 그리고 현재 사용하고 있는 자성 물질을 고도로 집적할 경우 자성 물질의 자기장이 인접한 자성 물질에 영향을 주는 문제도 있다. 이러한 문제를 해결할 수 있는 새로운 재료의 개발과 제조 공정의 개선이 이루어진다면 세계 반도체 시장의 판도도 크게 바뀔 것으로 보인다.

24 윗글의 내용과 일치하지 않는 것은?

① D램과 M램 모두 0 또는 1로 정보를 기록한다.

② M램은 자성 물질의 자기장이 강할수록 성능이 우수하다.

③ M램에서는 전류의 강도 차이를 감지해 데이터를 읽는다.

④ D램은 전원을 공급해주지 않으면 0의 값을 가지게 된다.

⑤ D램에서는 읽기나 쓰기 작업을 하지 않아도 전력이 소모된다.

25 다음 빈칸에 들어갈 말로 알맞은 것은?

① 예컨대

② 그러므로

③ 왜냐하면

④ 또는

⑤ 그러나

1 다음은 어떤 택배회사의 종류별 연간 배송량이다. 이에 대한 내용으로 옳지 않은 것은?

(단위 : 개)

연도＼종류	국내일반	국제일반	국내특급	국제특급
2016	21,548	11,148	10,879	9,213
2017	20,154	12,578	9,782	9,315
2018	19,574	13,405	9,421	9,317
2019	18,947	13,501	9,437	9,847
2020	17,148	14,201	8,124	10,879

① 국내일반 배송량은 계속 감소하였다.

② 전년대비 가장 변동이 심한 것은 2020년의 국내일반이다.

③ 국제택배는 시간이 지날수록 늘어나고 있다.

④ 국내특급은 매년 감소하고 있다.

2 다음은 비슷한 노선을 가진 A회사와 B회사의 최근 4년간 운임 변동 현황이다. 자료를 바르게 해석하지 못한 것은?

요금표		2017년	2018년	2019년	2020년
A회사	성인	1,200	1,260	1,320	1,450
	어린이	400	400	440	500
B회사	성인	1,100	1,240	1,300	1,400
	어린이	500	550	550	600

① 4년간 성인 요금은 A회사보다 B회사가 더 많이 올랐다.

② 2017년 성인 2명, 어린이 4명이 이용할 때 A회사 버스를 이용하는 것이 저렴하다.

③ 2020년 성인 3명, 어린이 6명이 이용할 때 B회사 버스를 이용하는 것이 저렴하다.

④ 2020년 A회사가 전년도 대비 어린이 요금이 가장 많이 올랐다.

3 다음은 어느 부대 운전병의 월간 영외운행거리 이다. 이에 대한 설명으로 옳지 않은 것은?

(단위 : Km)

월 \ 병사	A병장	B상병	C일병	D이병
1월	60	207	–	–
2월	42	146	60	–
3월	14	–	–	–
4월	160	–	86	–
5월	121	187	87	–
6월	80	84	–	–
7월	–	304	–	–
8월	60	98	–	20
9월	110	–	91	46
10월	201	–	97	98
11월	64	94	140	102
12월	88	214	183	87

① 운행을 나간 월이 가장 많은 사람은 A병장이다.

② 1년간 가장 많은 거리를 주파한 사람은 B상병이다.

③ C일병의 월 평균 주행거리는 62Km이다.

④ D이병이 부대에 전입한 월은 8월이다.

4 다음은 어떤 대대의 사격성적에 관한 표이다. 옳지 않은 것은?

	1중대 평균		2중대 평균	
	1소대 (17명)	2소대 (13명)	1소대 (14명)	2소대 (16명)
주간 사격	16	14	18	13
야간 사격	11	13	15	10

① 주간 사격의 경우 1중대 평균이 2중대 평균보다 낮다.
② 야간 사격의 경우 1중대 평균이 2중대 평균보다 낮다.
③ 전체 사격 평균의 경우 1중대 2소대의 평균이 2중대 1소대 평균보다 높다.
④ 전체 사격 평균의 경우 1중대 1소대의 평균은 1중대 2소대의 평균과 같다.

5 휘발유 1리터로 12km를 가는 자동차가 있다. 연료계기판의 눈금이 $\frac{1}{3}$을 가리키고 있었는데 20리터의 휘발유를 넣었더니 눈금이 $\frac{2}{3}$를 가리켰다. 이후 300km를 주행했다면, 남아 있는 연료는 몇 리터인가?

① 15L ② 16L
③ 17L ④ 18L

6 바구니에 4개의 당첨 제비를 포함한 10개의 제비가 들어있다. 이 중에서 갑이 먼저 한 개를 뽑고, 다음에 을이 한 개의 제비를 뽑는다고 할 때, 을이 당첨제비를 뽑을 확률은? (단, 한 번 뽑은 제비는 바구니에 다시 넣지 않는다)

① 0.2 ② 0.3
③ 0.4 ④ 0.5

7 영미와 수철이가 함께 일하면 10일 걸리는 일을 영미가 8일 일하고 나머지는 수철이가 14일 걸려 일을 완성하였다. 영미와 수철이가 각각 혼자서 일하면 며칠 만에 끝낼 수 있겠는가?

① 영미 : 15일, 수철 : 30일   ② 영미 : 20일, 수철 : 20일

③ 영미 : 20일, 수철 : 25일   ④ 영미 : 25일, 수철 : 20일

8 명보는 1개에 500원 하는 과자와 1개에 700원 하는 아이스크림을 합하여 모두 20개를 사고, 전체가격이 13000원 이하가 되게 하려고 한다. 500원짜리 과자는 최소한 몇 개까지 살 수 있는가?

① 5개   ② 8개

③ 10개   ④ 12개

9 다음은 국내 거주 한국인과 외국인의 혼인 추이를 나타낸 것이다. 이에 대한 설명으로 볼 수 없는 것은?

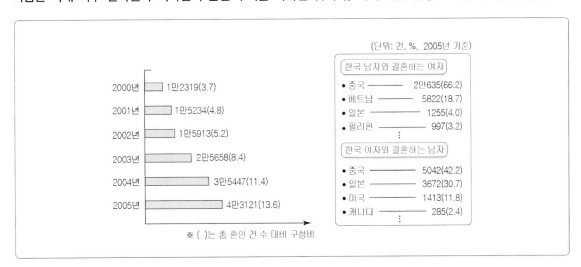

① 한국인과 결혼한 외국인은 남성이 여성보다 많다.

② 언어와 생활방식의 차이로 인해 문화갈등이 커질 것이다.

③ 전년대비 국제결혼 증가폭은 2002년에 가장 낮게 나타났다.

④ 다문화가정 자녀에 대한 교육지원의 필요성이 증가할 것이다.

10 다음은 다문화 가정 자녀의 취학 현황에 대한 조사표이다. 이 표에 대한 바른 해석으로 가장 적절한 것은?

(단위 : 명, %)

연도	다문화 가정의 취학 학생 수			전체 취학 학생 대비 비율
	국제 결혼 가정	외국인 근로자 가정	계	
2010	7,998	836	8,834	0.11
2011	13,445	1,209	14,654	0.19
2012	18,778	1,402	20,180	0.26
2013	24,745	1,270	26,015	0.35
2014	30,040	1,748	31,788	0.44

㉠ 2010년보다 2014년의 전체 취학 학생 수가 더 적다.
㉡ 다문화 가정 자녀의 교육에 대한 지원 필요성이 증가했을 것이다.
㉢ 2013년에 비해 2014년에 다문화 가정의 취학 학생 수는 0.09% 증가하였다.
㉣ 다문화 가정의 자녀 취학에서 외국인 근로자 가정의 자녀 취학이 차지하는 비중은 지속적으로 증가하였다.

① ㉠, ㉡
② ㉠, ㉢
③ ㉡, ㉢
④ ㉡, ㉣

11 다음 표는 어느 해 학교 급별 특수학급 현황을 나타낸 것이다. 표에 대한 설명으로 옳지 않은 것은?

학교 급	구분	학교 수	장애학생 배치학교 수	특수학급 설치학교 수
초등학교	국공립	5,868	4,596	3,688
	사립	76	16	4
중학교	국공립	2,581	1,903	1,360
	사립	571	309	52
고등학교	국공립	1,335	1,013	691
	사립	948	494	56
전체	국공립	9,784	7,512	5,719
	사립	1,595	819	112

※ 특수학급 설치율(%) = (특수학급 설치학교 수 / 장애학생 배치학교 수) × 100

① 모든 학교 급에서 국공립학교의 특수학급 설치율은 50% 이상이다.

② 학교 수에서 장애학생 배치학교 수가 차지하는 비율은 사립초등학교가 사립중학교보다 낮다.

③ 사립고등학교와 국공립고등학교의 특수학급 설치율은 50%p 이상 차이나지 않는다.

④ 전체 사립학교와 전체 국공립학교의 특수학급 설치율은 50%p 이상 차이난다.

12 다음은 A도시의 생활비 지출에 관한 자료이다. 연령에 따른 전년도 대비 지출 증가비율을 나타낸 것이라 할 때 작년에 비해 가게운영이 더 어려웠을 가능성이 높은 업소는?

연령(세) 품목	24 이하	25~29	30~34	35~39	40~44	45~49	50~54	55~59	60~64	65 이상
식료품	7.5	7.3	7.0	5.1	4.5	3.1	2.5	2.3	2.3	2.1
의류	10.5	12.7	-2.5	0.5	-1.2	1.1	-1.6	-0.5	-0.5	-6.5
신발	5.5	6.1	3.2	2.7	2.9	-1.2	1.5	1.3	1.2	-1.9
의료	1.5	1.2	3.2	3.5	3.2	4.1	4.9	5.8	6.2	7.1
교육	5.2	7.5	10.9	15.3	16.7	20.5	15.3	-3.5	-0.1	-0.1
교통	5.1	5.5	5.7	5.9	5.3	5.7	5.2	5.3	2.5	2.1
오락	1.5	2.5	-1.2	-1.9	-10.5	-11.7	-12.5	-13.5	-7.5	-2.5
통신	5.3	5.2	3.5	3.1	2.5	2.7	2.7	-2.9	-3.1	-6.5

① 30대 후반이 주로 찾는 의류 매장

② 중학생 대상의 국어·영어, 수학 학원

③ 30대 초반의 사람들이 주로 찾는 볼링장

④ 할아버지들이 자주 이용하는 마을버스 회사

Q 다음은 도로교통사고 원인을 나이별로 나타낸 표이다. 물음에 답하시오. 【13~14】

(단위 : %)

원인별	20~29세	30~39세	40~49세	50~59세	60세 이상
운전자의 부주의	24.5	26.3	26.4	26.2	29.1
보행자의 부주의	2.4	2.0	2.7	3.6	4.7
교통혼잡	15.0	14.3	13.0	12.6	12.7
도로구조의 잘못	3.0	3.5	3.1	3.3	2.3
교통신호체계의 잘못	2.1	2.5	2.4	2.1	1.7
운전자나 보행자의 질서의식 부족	52.8	51.2	52.3	52.0	49.3
기타	0.2	0.2	0.1	0.2	0.2
합계	100%	100%	100%	100%	100%

13 20~29세 인구가 10만 명이라고 할 때, 도로구조의 잘못으로 교통사고가 발생하는 수는 몇 명인가?

① 1,000명   ② 2,000명

③ 3,000명   ④ 4,000명

14 주어진 표에서 60세 이상의 인구 중 도로교통사고의 가장 높은 원인과 그 다음으로 높은 원인은 몇 % 차이가 나는가?

① 20.1   ② 20.2

③ 37.4   ④ 37.5

Q 다음은 어느 산의 5년 동안 낙상자 피해 현황을 나타낸 표이다. 다음 물음에 답하시오. 【15~16】

(단위 : 건)

구분	2013년	2012년	2011년	2010년	2009년
부주의	214	201	138	130	119
시설물 노후	97	73	51	46	43
야생동물 출현	39	52	80	72	74
합계	350	326	269	248	236

15 다음 중 표에 대한 설명 중 옳지 않은 것은?

① 2012년에 전체 낙상자 피해 건수가 대폭 증가했다.

② 야생동물 출현에 의한 낙상피해는 해마다 줄어드는 추세이다.

③ 2013년 낙상 피해의 원인 중 가장 큰 원인은 부주의다

④ 부주의에 의한 낙상 피해만 줄여도 낙상자 수는 크게 감소할 것이다.

16 2013년에 발생한 낙상피해 중 부주의로 인한 낙상피해가 차지하는 비율은? (단, 소수 첫째 자리까지 구하시오.)

① 49.7(%) ② 53.4(%)

③ 57.2(%) ④ 61.1(%)

Q 다음 자료는 최근 3년간의 행정구역별 출생자 수를 나타낸 표이다. 물음에 답하시오. 【17~18】

(단위 : 명)

구분	2012년	2013년	2014년
서울특별시	513	648	673
부산광역시	436	486	517
대구광역시	215	254	261
울산광역시	468	502	536
인천광역시	362	430	477
대전광역시	196	231	258
광주광역시	250	236	219
제주특별자치시	359	357	361
세종특별자치시	269	308	330

17 2012년부터 2014년까지 출생자가 가장 많이 증가한 행정구역은?

① 부산
② 울산
③ 대전
④ 세종

18 주어진 표에 대한 설명으로 알맞은 것은?

① 2014년 대구광역시 출생자수와 2014년 제주지역의 출생자 수의 합은 서울특별시의 2014년 출생자 수보다 많다.
② 대전광역시와 광주광역시의 2012년 출생자의 합은 2012년 울산광역시의 출생자 수와 같다.
③ 2014년 대전광역시 출생자 수와 2014년 광주광역시 출생자 수의 합은 2014년 인천광역시 출생자 수와 같다.
④ 2013년 부산광역시 출생자 수는 2013년 대전광역시 출생자 수의 2배보다 적다.

19 다음은 새해 토정비결과 궁합에 관하여 사람들의 믿는 정도를 조사한 결과이다. 둘 다 가장 믿을 확률이 높은 사람들은?

대상 구분		토정비결(%)	궁합(%)
나이별	20대	30.5	35.7
	30대	33.2	36.2
	40대	45.9	50.3
	50대	52.5	61.9
	60대	50.3	60.2
학력별	초등학교 졸업	81.2	83.2
	중학교 졸업	81.1	83.3
	고등학교 졸업	52.4	51.6
	대학교 졸업	32.3	30.3
	대학원 졸업	27.5	26.2
성별	남자	45.2	39.7
	여자	62.3	69.5

① 초등학교 졸업 학력의 60대 남성　　② 중학교 졸업 학력의 50대 여성
③ 고등학교 졸업 학력의 40대 남성　　④ 대학교 졸업 학력의 30대 남성

20 다음은 A시민들이 가장 좋아하는 산 및 등산 횟수에 관한 설문조사 결과이다. 자료에 대한 설명 중 적절하지 않은 것은?

〈표 1〉 A시민이 가장 좋아하는 산

산 이름	설악산	지리산	북한산	관악산	기타
비율(%)	38.9	17.9	7.0	5.8	30.4

〈표 2〉 A시민의 등산 횟수

횟수	주 1회 이상	월 1회 이상	분기 1회 이상	연 1~2회	기타
비율(%)	16.4	23.3	13.1	29.8	17.4

① A시민들이 가장 좋아하는 산 중 선호도가 높은 2개의 산에 대한 비율은 50% 이상이다.
② 설문조사에서 설악산을 좋아한다고 답한 사람은 지리산, 북한산, 관악산을 좋아한다고 답한 사람보다 더 많다.
③ A시민의 80% 이상은 일 년에 최소한 1번 이상 등산을 한다.
④ A시민들 중 가장 많은 사람들이 월 1회 정도 등산을 한다.

Q 다음 도형을 펼쳤을 때 나타날 수 있는 전개도를 고르시오. 【1~5】

※ 주의사항

• 입체도형을 전개하여 전개도를 만들 때, 전개도에 표시된 그림(예 : ▮, ◢ 등)은 회전의 효과를 반영함. 즉, 본 문제의 풀이과정에서 보기의 전개도 상에 표시된 "▮"와 "▬"은 서로 다른 것으로 취급함.

• 단, 기호 및 문자(예 : ☎, ♤, ♨, K, H)의 회전에 의한 효과는 본 문제의 풀이과정에 반영하지 않음. 즉, 입체도형을 펼쳐 전개도를 만들었을 때에 "🔄"의 방향으로 나타나는 기호 및 문자도 보기에서는 "☎"방향으로 표시하며 동일한 것으로 취급함.

1

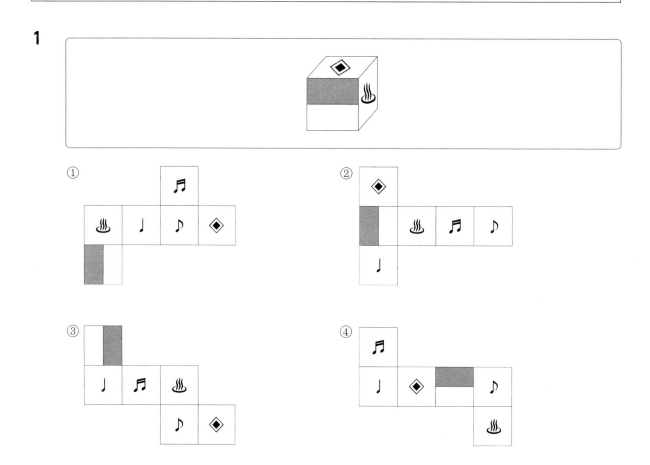

2

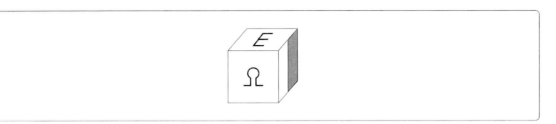

①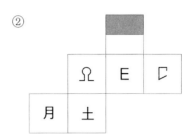

②

③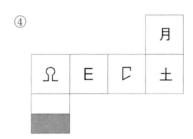

④

3

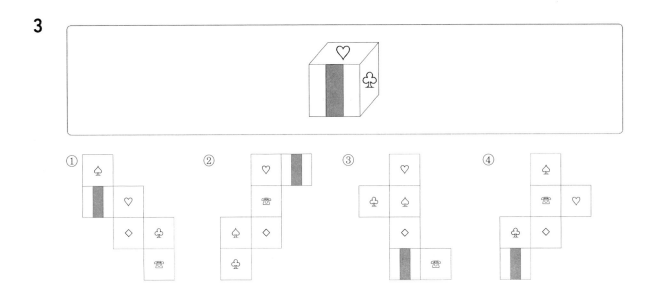

4

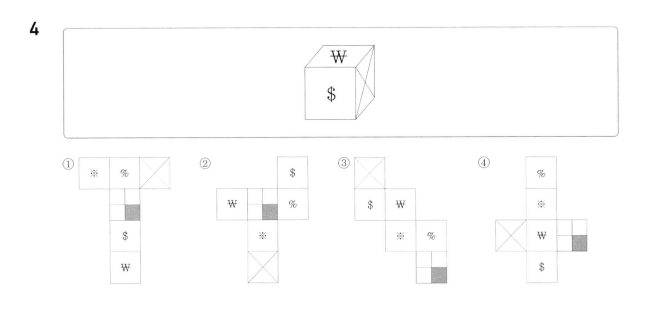

5

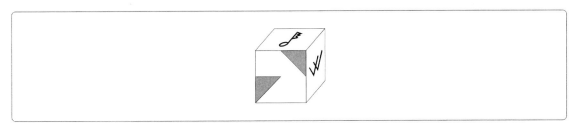

①

②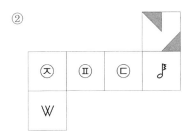

③

④

※ 주의사항
• 전개도를 접을 때 전개도 상의 그림, 기호, 문자가 입체도형의 겉면에 표시되는 방향으로 접음.
• 전개도를 접어 입체도형을 만들 때, 전개도에 표시된 그림(예 : █, ◣ 등)은 회전의 효과를 반영함. 즉, 본 문제의 풀이과정에서 보기의 전개도 상에 표시된 "█"와 "▬"은 서로 다른 것으로 취급함.
• 단, 기호 및 문자(예 : ☎, ♨, ♨, K, H)의 회전에 의한 효과는 본 문제의 풀이과정에 반영하지 않음. 즉, 전개도를 접어 입체도형을 만들었을 때에 "☏"의 방향으로 나타나는 기호 및 문자도 보기에서는 "☎"방향으로 표시하며 동일한 것으로 취급함.

6

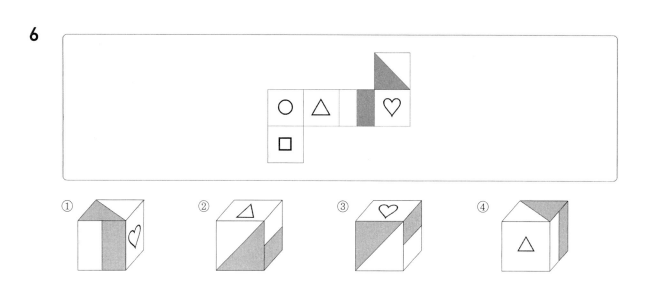

7

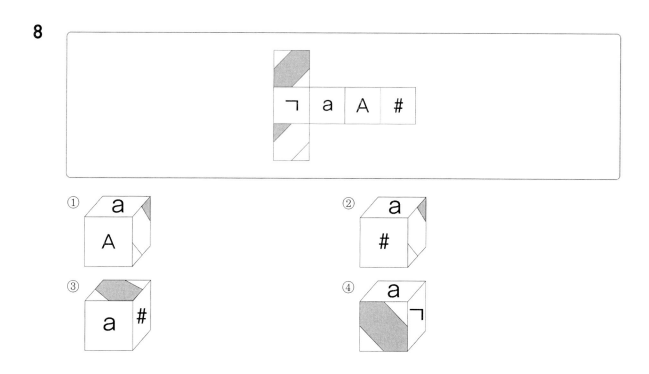

9

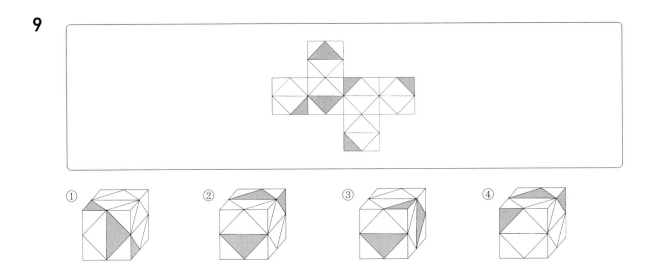

10

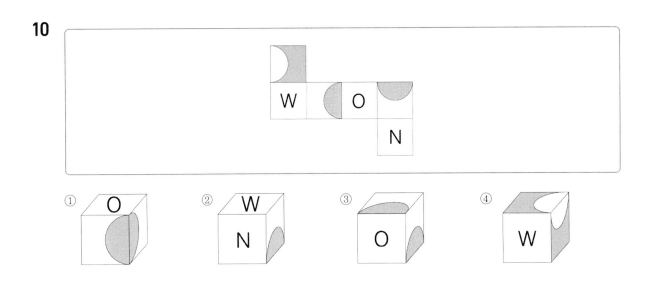

Q 아래에 제시된 그림과 같이 쌓기 위해 필요한 블록의 수는? 【11~14】

* 블록의 모양과 크기는 모두 동일한 정육면체임

11

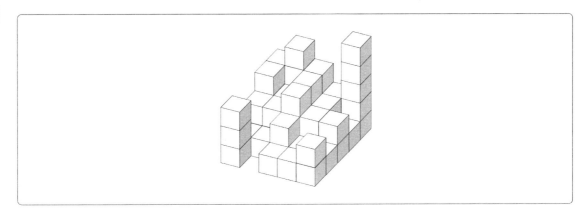

① 49   ② 50

③ 51   ④ 52

12

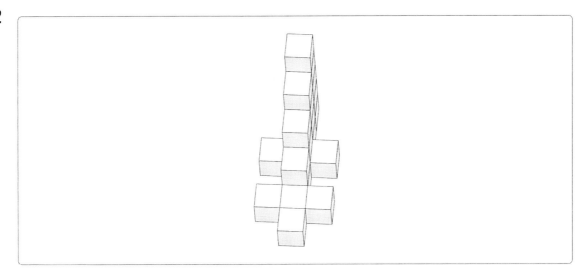

① 19   ② 20

③ 21   ④ 22

13

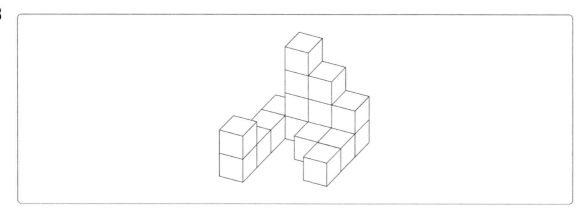

① 13   ② 15

③ 17   ④ 19

14

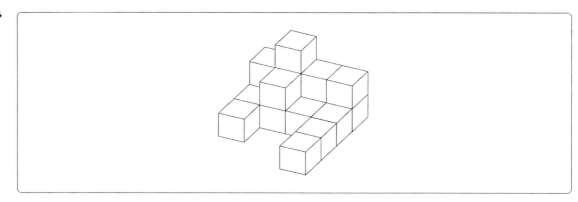

① 11   ② 13

③ 15   ④ 17

Q 아래에 제시된 블록들을 화살표 표시한 방향에서 바라봤을 때의 모양으로 알맞은 것은?
【15~18】

※ 주의사항
• 블록의 모양과 크기는 모두 동일한 정육면체임.
• 바라보는 시선의 방향은 블록의 면과 수직을 이루며 원근에 의해 블록이 작게 보이는 효과는 고려하지 않음.

15

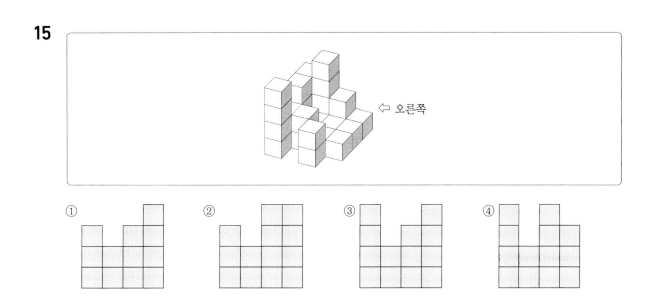

⇐ 오른쪽

① ② ③ ④

16

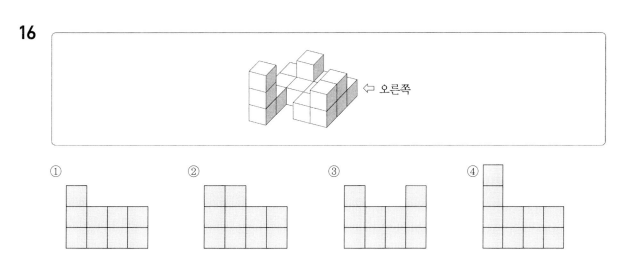

⇐ 오른쪽

① ② ③ ④

17

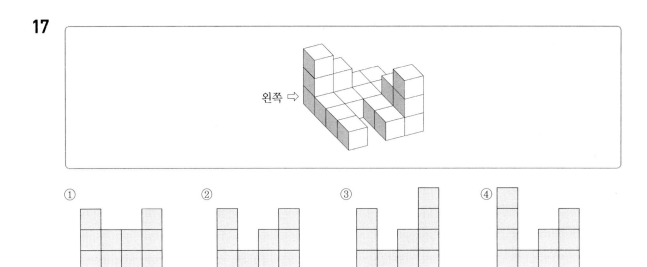

18

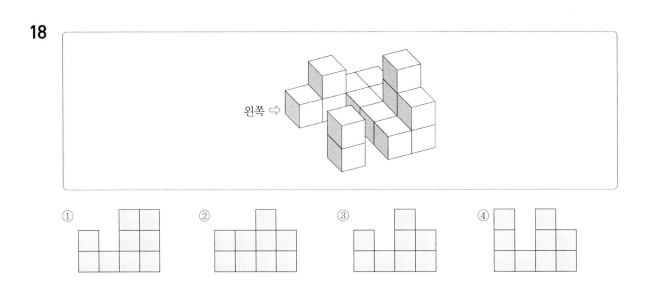

Q 다음 왼쪽과 오른쪽 기호, 문자, 숫자의 대응을 참고하여 각 문제의 대응이 같으면 '① 맞음'을, 틀리면 '② 틀림'을 선택하시오. 【1~5】

☺=ㄱ	♨=ㄴ	♂=ㄷ	☆=ㄹ	⌐=ㅁ	☉=ㅂ
☼=ㅅ	☾=ㅇ	Ω=ㅈ	♋=ㅊ	♂=ㅋ	∞=ㅌ

01 ㄱㅅㅇㅊㅂㅌ – ☺☼☾♋⌐∞
    ① 맞음   ② 틀림

02 ㅌㅊㄱㄷㅈㄴ – ∞Ω☺♂♋♨
    ① 맞음   ② 틀림

03 ㄴㄱㄹㅊㅋㅁ – ♨☺☆Ω♂⌐
    ① 맞음   ② 틀림

04 ㅅㅇㅋㄹㅌㅂ – ☼☾♂☆∞☉
    ① 맞음   ② 틀림

05 ㅈㅅㅇㅋㅌㅁ – Ω☼☾♂∞⌐
    ① 맞음   ② 틀림

Q 다음에서 각 문제의 왼쪽에 표시된 굵은 글씨체의 기호, 문자 또는 숫자의 개수를 오른쪽에서 찾으시오. 【6~9】

06 ϑ   θ4ς ϑςϑβ ζ Ҳβ θς β 4ϑϑς ςԋ
    ① 1개   ② 2개
    ③ 3개   ④ 4개

07 ӂ   ӷ ҳ ӥ ӆ ҧ ӥ ӵ ҏ ҡ ҏ ѵ ӥ ҡ ҧ ӥ ҏ ӡ ӟ ҧ ҳ ҳ
    ① 2개   ② 3개
    ③ 4개   ④ 5개

08 

① 2개　② 3개
③ 4개　④ 5개

09 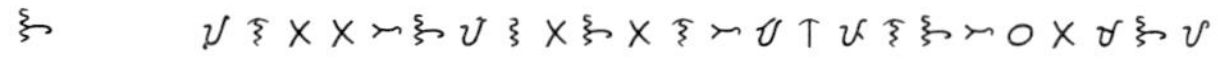

① 2개　② 3개
③ 4개　④ 5개

Q 다음 왼쪽과 오른쪽 기호, 문자, 숫자의 대응을 참고하여 각 문제의 대응이 같으면 '① 맞음'을, 틀리면 '② 틀림'을 선택하시오. 【10~14】

₠ = ㉭	₵ = ㉥	₢ = ㉣	₣ = ㉠	₤ = ㉦	₦ = ㉩	₱ = ㉬
₩ = ㉤	₪ = ㉧	₫ = ㉡	₭ = ㉢	₮ = ㉨	₰ = ㉪	₨ = ㉫

10 ㉭ ㉫ ㉬ ㉪ ㉩ – ₠ ₨ ₱ ₰ ₦

① 맞음　② 틀림

11 ㉨ ㉧ ㉦ ㉥ ㉤ – ₮ ₪ ₤ ₵ ₩

① 맞음　② 틀림

12 ㉣ ㉢ ㉡ ㉠ ㉭ – ₢ ₭ ₫ ₣ ₠

① 맞음　② 틀림

13 ㉠ ㉢ ㉤ ㉦ ㉨ – ₣ ₭ ₩ ₤ ₦

① 맞음　② 틀림

14 ㉪ ㉫ ㉡ ㉣ ㉥ – ₰ ₨ ₫ ₢ ₵

① 맞음　② 틀림

Q 다음에서 각 문제의 왼쪽에 표시된 굵은 글씨체의 기호, 문자 또는 숫자의 개수를 오른쪽에서 모두 세어 보시오. 【15～19】

15 e   We can't run from who we are. Our destiny chooses us.

① 5개   ② 6개
③ 7개   ④ 8개

16 n   Life's true intent needs patience.

① 1개   ② 2개
③ 3개   ④ 4개

17 5   1.732050807568877293527446341

① 1개   ② 2개
③ 3개   ④ 4개

18 n

$$\lim_{n \to \infty} \frac{\sum_{k=1}^{n} \left(\frac{k}{n}\right)^4 \frac{1}{n}}{\sum_{k=1}^{n} \left(\frac{k}{n}\right) \frac{1}{n} \cdot \sum_{k=1}^{n} \left(\frac{k}{n}\right)^2 \frac{1}{n}}$$

① 7개   ② 8개
③ 9개   ④ 10개

19 ♤   ▽☆★○●◎◇◆□■△▲▽▼◁◀▷▶♤♠♡♥♧♣◉◈▣◐◑■▤

① 0개   ② 1개
③ 2개   ④ 3개

20 다음에 열거된 단어 중 문제에 제시된 단어와 일치하는 것을 찾아 개수를 고르면?

군인 군대 국방 구민 구정 구조 굴비 군화 군비 군량 군기 국기 극기 국가

군대 군수 극기 구조

① 1개   ② 2개
③ 3개   ④ 4개

Q 다음에서 각 문제의 왼쪽에 표시된 굵은 글씨체의 기호, 문자, 숫자의 개수를 모두 세어 보시오. 【21~25】

21 ㅒ ㅙㅖㄱㄲㅏㅓㅓㅖㆍㅣㅡㅏ ㅙㅛㅜㅐㅏㅒㅏ

① 0개   ② 1개
③ 2개   ④ 3개

22 ₩ €￠₢£￡₥₦₧₨₩₪₫€₭₮₯₱₳₽

① 0개   ② 1개
③ 2개   ④ 3개

23 ㅁ 머루나비먹이무리만두먼지미리메리나루무림

① 3개   ② 5개
③ 7개   ④ 9개

24 4 GcAshH748vdafo25W641981

① 1개   ② 2개
③ 3개   ④ 4개

25 곁 갋곁곲게곎곎겔곩겇곅곃곲곁곅곁곀

① 1개   ② 2개
③ 3개   ④ 4개

Q 다음 주어진 표의 문자와 숫자의 대응을 참고하여 각 문제의 대응이 같으면 답안지에 '① 맞음'을, 같지 않으면 '② 틀림'을 선택하시오. 【26~30】

가	갸	거	겨	고	교	구	규	그	기
0	1	2	3	4	9	8	7	6	5

26 734 – 규겨고 ① 맞음 ② 틀림

27 369 – 고겨구 ① 맞음 ② 틀림

28 1257 – 갸거기규 ① 맞음 ② 틀림

29 02468 – 가갸거겨고 ① 맞음 ② 틀림

30 45083 – 고기가구겨 ① 맞음 ② 틀림

1 다음의 내용이 포함된 개혁안 중 갑오개혁에 반영된 것은?

> • 탐관오리는 발본해서 없앨 것
> • 횡포한 부호들을 준엄하게 응징할 것
> • 종 문서는 불태워 버릴 것
> • 백정의 머리에 패랭이를 벗기고 갓을 씌울 것

① 토지의 평균분작
② 왜와 내통한 자를 엄징
③ 탐관오리 엄징
④ 과부의 재가 허용

2 다음의 개혁이 일어난 이후의 사건으로 옳지 않은 것은?

> • 국호를 대한제국, 연호를 광무라 부르며 왕의 명칭을 황제로 바꾸었다.
> • 양전사업 실시를 위해 양지아문을 설치하고 지계를 발급하였다.

① 고종은 헤이그 만국 평화 회의에 이상설, 이준, 이위종을 특사로 파견하였다.
② 국권 회복을 위한 애국계몽운동을 전개하였다.
③ 을미사변을 피해 고종이 러시아 공사관으로 피신했다.
④ 신민회는 서간도 삼원보에 국외독립운동기지를 건설하였다.

3 밑줄 친 '운동'에 대한 설명으로 옳은 것은?

> 조선 사람은 조선 사람이 만든 물건만 쓰고 살자고 하는 <u>운동</u>이 일어나고 있다. 그렇게 하면 조선인 자본가의 공업이 일어난다고 한다. …(중략)… 이 <u>운동</u>이 잘 되면 조선인 공업이 발전해야 하지만 아직 그렇지 않다. …(중략)… 이 <u>운동</u>을 위해 곧 발행된다는 잡지에 회사를 만들라고 호소하지만 말고 기업을 하는 방법 같은 것을 소개해야 한다.
>
> ―「개벽」―

① 조선총독부가 회사령을 폐지하는 계기가 되었다.
② 원산총파업을 계기로 조직적으로 전개되었다.
③ 조만식 등에 의해 평양에서 시작하여 전국으로 확대되었다.
④ 조선노농총동맹의 적극적 참여로 대중적인 운동이 되었다.

4 다음 활동을 전개한 단체로 옳은 것은?

> 평양 대성학교와 정주 오산학교를 설립하였고 민족 자본을 일으키기 위해 평양에 자기 회사를 세웠다. 또한 민중 계몽을 위해 태극 서관을 운영하여 출판물을 간행하였다. 그리고 장기적인 독립운동의 기반을 마련하여 독립전쟁을 수행할 목적으로 국외에 독립운동 기지 건설을 추진하였다.

① 보안회
② 신민회
③ 대한 자강회
④ 대한 광복회

5 다음 상소의 원인이 된 조약에 관한 설명 중 옳지 않은 것은?

> 저들이 비록 왜인(倭人)이라고 하나 실은 양적(洋賊)입니다. 강화가 한번 이루어지면 사학(邪學)의 서책과 천주(天主)의 초상이 교역하는 속에 뒤섞여 들어오게 되고, 조금 지나면 선교사가 전수하여 사학이 온 나라에 퍼지게 될 것입니다. 포도청에서 살피고 검문하여 잡아다 처벌하려 한다면 저들이 사납게 노하고 게다가 강화로 맺은 맹세가 허사로 돌아갈 것입니다. 그대로 내버려 두고 불문에 부치게 되면 조금 지나서는 집집마다 사람마다 사학을 받아들여 아들은 아버지를 아버지로 여기지 않고 신하는 임금을 임금으로 여기지 않게 됩니다.
>
> – 최익현의 상소 –

① 부산, 인천, 울산 3항구가 개항되었다.　　② 개항장에서 치외법권이 인정 되었다.

③ 일본의 해안측량권이 인정되었다.　　④ 일본에 대해 최혜국대우가 인정되었다.

6 독립협회의 활동과 그에 대한 설명이 바르게 연결된 것은?

① 만민 공동회 개최 – 언론 집회의 자유, 국민의 신체와 재산권 보호를 요구하였다.

② 자유 민권 운동 전개 – 각 계층의 시민들이 참여하여 근대적 의회 설립을 추진하였다.

③ 관민 공동회 개최 – 정부의 대신들이 참여하여 헌의 6조를 제시하였다.

④ 보안회 설립 – 일본의 황무지 개간권 요구를 지지하였다.

7 다음 자료와 관련된 민주화 운동으로 알맞은 것은?

> – □□ 신문 –
> • '학생들의 피에 보답하라!' – 전국 교수 연합
> • 3 · 15 부정선거를 규탄하는 시위에 참가하였다가 실종된 김주열 학생 사망!

① 6월 민주 항쟁　　② 5 · 18 민주화 운동

③ 4 · 19혁명　　④ 10 · 26사태

8 빈칸에 해당하는 단체의 활동으로 옳은 것은?

> 1911년 조선총독부가 민족해방운동을 탄압하기 위해 데라우치 마사타케 총독의 암살미수사건을 조작하여 105인의 독립운동가를 감옥에 가둔 사건으로 애국 계몽 단체인 (   )가 해체되는 원인이 되었다.

① 고종의 강제 퇴위 반대 운동을 전개하였다.
② 신흥 무관 학교를 설립하였다.
③ 최익현이 장으로 활약하였다.
④ 입헌 군주제 도입을 목표로 정치 개혁을 주장하였다.

9 갑신정변에 대한 설명으로 옳지 않은 것은?

① 한성조약으로 조선에서 청과 일본 양국의 군대가 철수했다.
② 청의 내정 간섭이 심해져서 발생한 사건이다.
③ 일본의 지원을 약속받은 급진개화파가 정변을 일으켰다.
④ 청군의 개입으로 3일 만에 실패하고 김옥균과 박영효 등이 일본으로 망명했다.

10 아래 그림을 통해 알 수 있는 사건에 대한 설명으로 옳지 않은 것은?

① 미·소 공동 위원회는 한반도의 주도권을 중심으로 대립하였다.
② 미국, 영국, 중국, 소련에 의한 최대 5년간의 신탁 통치를 결정하였다.
③ 미국, 소련, 영국의 외무 대표들이 한반도에 대한 문제를 논의하였다.
④ 민족주의 진영은 초반에 신탁 통치를 반대했지만 나중에는 지지하였다.

11 밑줄 그은 '조약에 대한 설명으로 옳은 것은?

> "운요호 사건을 빌미로 일본 측 대표 구로다와 우리 측 대표 신헌이 <u>조약</u>을 체결했다는 소식을 들었는가?"

① 조·미 수호 통상 조약이 체결 된 것이다.
② 부산 이외 두 곳의 항구를 개항하였다.
③ 치외법권을 인정하지 않았다.
④ 최혜국 대우를 규정하였다.

12 다음 사건을 시대 순으로 옳게 배열한 것은?

> (가) 서울 올림픽   (나) 베트남 파병
> (다) 대한민국 정부 수립   (라) 5월 광주 민주화 항쟁

① (다) − (나) − (라) − (가)   ② (다) − (라) − (나) − (가)
③ (라) − (나) − (다) − (가)   ④ (라) − (다) − (나) − (가)

13 일제의 식민지 지배 정책으로 옳지 않은 것은?

① 민족 운동 탄압 – 한국인의 언론, 출판, 집회, 결사의 자유를 박탈하였다.
② 교육 정책 – 일본어로 수업하며 고등 교육을 실시하였다.
③ 헌병 경찰 통치 – 재판 없이 한국인을 처벌하였으며 조선 태형령을 발표하였다.
④ 조선 총독부 설립 – 입법, 행정, 사법, 군 통수권 등 절대 권력을 행사하였다.

14 빈칸에 들어갈 알맞은 말은?

> 북한의 남침으로 인해 국군은 낙동강 유역까지 후퇴하였다. 전열을 가다듬은 국군과 유엔군은 (   )(으)로 전세를 역전시킬 수 있는 계기를 마련하며 서울을 수복하였다.

① 1 · 4후퇴   ② 중국군 개입
③ 포로 송환   ④ 인천 상륙 작전

15 다음 그림은 무엇을 나타내는 것인가?

① 정우회 선언
② 정미의병
③ 갑오개혁
④ 동학 농민 운동

16 빈칸에 들어가는 단체의 활동으로 옳지 않은 것은?

① 독립신문을 간행하여 독립운동 소식을 전하였다.

② 외교 활동으로 한국의 독립 문제를 국제적으로 여론화하려 노력하였다.

③ 정무부를 설치하여 만주 지역의 독립군과 연계하였다.

④ 연통제로 독립운동의 자금을 마련하였다.

17 다음 글을 보고 추측할 수 있는 사건에 대한 내용으로 가장 적절한 것은?

> "저 개, 돼지 같은 정부의 대신들이 나라를 팔았다. 4천년 강토와 5백년 종사를 남의 나라에 넘기고, 2천
> 만 동포는 노예가 되고 말았구나! 아 분하다! 우리 2천만 동포가 사느냐 죽느냐? …동포여, 어찌 우리 이
> 날 땅을 치며 울지 않을 것이냐?"
>
> ―황성신문―

① 포츠머스 조약을 체결하였다.

② 간도 협약을 맺었다.

③ 서재필이 정부의 지원을 받아 독립신문을 창간하였다.

④ 헤이그에 특사를 파견하였다.

18 자료와 관련 있는 역사적 사실은?

① 국채 보상 운동
② 문맹 퇴치 운동
③ 물산 장려 운동
④ 민족 유일당 운동

19 밑줄 친 '조약' 체결에 대한 우리 민족의 대응으로 옳은 것은?

1. 1905년 11월 일본 사신과 외부대신 박제순이 체결한 조약은 황제께서 처음부터 인허하지 않았고 또한 서명하지 않았다.
4. 일본이 우리의 외교권을 강제로 행사하려는 것은 근거가 없다.
5. 황제께서는 통감이 와서 상주하는 것을 허락하지 않았다.

① 을사의병을 일으켰다.
② 독립 협회를 설립하였다.
③ 한국 광복군을 창설하였다.
④ 영남 만인소를 제출하였다.

20 (가) 단체에 대한 설명으로 옳은 것은?

> ○○○은/는 1927년 9월 사회주의 세력과 민족주의 세력 간에 공동 전선 형성이 매우 유리함을 설명하며 홍원군에 ▢▢(가)▢▢ 의 지회를 설치할 것을 역설하였다. 이후 그는 홍원 지회 설치 대회를 열어 '우리는 정치적·경제적 각성을 촉진하고, 단결을 공고히 하며, 기회주의를 일체 부인한다.'라는 ▢▢(가)▢▢ 의 강령에 따를 것을 강조하였다.

① 만민 공동회를 개최하였다.　　　　② 105인 사건으로 와해되었다.
③ 2·8 독립 선언을 발표하였다.　　　④ 광주 학생 항일 운동을 지원하였다.

21 다음 자료와 관련된 민족 운동에 대한 설명으로 옳은 것은?

> 이날 서울 거리의 광경은 열광적으로 독립 만세를 연창하는 군중, …… 사람이 너무도 어마어마하게 많으니까, 이것을 바라보는 일본 사람도 기가 콱 질리지 않을 수가 없었을 것이다. 이 날 우리는 일본인을 구타하거나 그들의 물품을 파괴 또는 약탈하는 등의 일은 전혀 하지 않았다.

① 대한민국 임시 정부 수립의 계기가 되었다.
② 민족주의계와 사회주의계의 대립과 갈등을 극복하는 계기가 되었다.
③ 일제의 민족차별과 식민지교육이 운동의 배경이 되었다.
④ 순종의 인산일을 기해 일어났다.

22 다음 중 흥선대원군의 개혁정책과 그에 대한 설명이 바르게 연결된 것은?
① 서원 철폐 – 면세, 면역의 특권을 누려 재정궁핍과 백성들을 괴롭혔기에 없앴다.
② 호포제 실시 – 농민의 군포 부담을 줄여주기 위해 농민이 내는 군포세를 낮추었다.
③ 사창제 실시 – 관리들이 적정한 이자만 받도록 지시하였다.
④ 관제 개혁 – 의정부를 폐지하고 비변사의 기능을 강화하였다.

23 다음 자료와 관련된 단체의 활동으로 옳지 않은 것은?

> 105인 사건은 일제가 안중근의 사촌 동생 안명근이 황해도 일원에서 독립 자금을 모금하다가 적발되자 이를 빌미로 일제는 항일 기독교 세력과 단체를 탄압하기 위해 총독 암살 미수 사건을 조작하여 수백 명의 민족 지도자를 검거한 일이다.

① 만주 지역에 독립운동 기지를 건설하였다.
② 공화정체의 근대국민국가 건설을 주장하였다.
③ 대성학교와 오산학교를 설립하였다.
④ 고종의 강제 퇴위 반대 운동을 전개하였다.

24 1972년 남북한 당국이 합의한 '평화통일 3대 원칙'의 내용에 해당하는 것은?

① 통일은 남북한이 단일 국호로 유엔에 동시 가입한 이후 점차적으로 실현한다.
② 통일은 미국, 중국 등 휴전협정 당사자들의 참여와 동의하에 이루어져야 한다.
③ 통일을 위해 한국전쟁 전범문제처리 등 역사 청산을 반드시 이루어야 한다.
④ 통일을 위해 우선적으로 사상, 이념, 제도의 차이를 초월하여 민족의 대단결을 도모해야 한다.

25 다음과 같은 변화가 나타나게 된 배경으로 적절한 것은?

> 〈대통령 담화문〉
>
> 본인은 임기 중 개헌이 불가능하다고 판단하고 제13대 대통령 선거를 현행 헌법대로 치를 것을 선언합니다.
>
> −1987. 4. 13.−

→

> 〈대통령 담화문〉
>
> 본인은 대통령 직선제 개헌 요구를 받아들여 제13대 대통령 선거를 치를 것을 결정하였습니다.
>
> −1987. 7. 1.−

① 긴급 조치 9호가 내려졌다.
② 6월 민주 항쟁이 일어났다.
③ 5 · 16 군사 정변이 발생하였다.
④ 모스크바 3국 외상 회의가 열렸다.

실전 모의고사

≫ 정답 및 해설 **p.278**

CHAPTER 01 인지능력평가

언어논리 25문항/20분

Q 다음 문장의 문맥상 ( ) 안에 들어갈 단어로 가장 적절한 것을 고르시오. 【1~4】

1

> 국토교통부는 10년간 교통사고 발생 원인을 분석해본 결과 운전 중 한눈을 팔 때 가장 사고가 빈번히 일어난다고 밝혔습니다. 이러한 사고를 방지하기 위해서는 운전 중에 전방을 ( )하고 앞차와의 안전거리를 충분히 유지하는 것이 중요하다고 밝혔습니다.

① 예시   ② 제시
③ 지시   ④ 게시
⑤ 주시

2

> 미국의 스포츠사회학자인 이브라힘은 "스포츠는 인간 표현의 한 형태로서 역사적으로 신체적 놀이로부터 유래하며, 문화적으로 특정 사회의 승인을 받은 인간의 기본적인 여가 활동이다. 스포츠의 목표는 미리 동의한, 따라서 중재되어지는 일련의 규칙을 통한 경쟁적인 상황에서 획득된다."고 ( )했다.

① 토의   ② 사의
③ 문의   ④ 고의
⑤ 정의

3

최근 남북정세가 요동침에 따라 군은 북한에 대한 (   )를 크게 높이고 북한군의 움직임에 예의주시하고 있습니다. 또한 군 관계자는 북한에서 아직까지는 별다른 움직임은 없으나, 상황이 호전될 때까지 대비태세를 계속 유지하겠다고 밝혔습니다.

① 경계   ② 경솔
③ 경기   ④ 경력
⑤ 경주

4

1866년 프랑스가 조선을 침략한 병인양요가 일어나자 흥선대원군은 "서양 오랑캐가 침입해 오는데 그 고통을 이기지 못해 (   )을 주장하는 것은 나라를 팔아먹는 것이며, 그들과 교역하면 나라가 망한다."는 내용의 글의 척화비를 전국에 세우고, 쇄국 의지를 강하게 천명하였다.

① 화재   ② 화친
③ 화술   ④ 화력
⑤ 화기

Ⓠ **다음 밑줄 친 부분과 같은 의미로 사용된 것을 고르시오.【5~6】**

5

미천한 부부가 아이가 없어 근심하고 있었는데 어느 날 꿈에 신령이 나타나 아이가 태어날 것을 예언한 후, 열 달 만에 아이를 <u>낳았다</u>. 그런데 태어난 지 삼 일이 된 아기가 시렁 위에 올라가며 겨드랑이에 날개까지 달려 있었다. 부모는 아이가 장수가 될 재목이라는 것을 깨달았다. 그런데 옛날에는 평민의 집에 장수가 태어나면 역모를 꾀할 가능성을 없애기 위해 삼족을 멸하였다. 그래서 왕이 아이를 죽이기 위해 군사를 보냈다는 소문을 들은 부부는 아이를 아무도 모르는 곳에 숨기려 했다.

① 계속되는 거짓과 위선이 서로 간에 불신을 <u>낳아</u> 협력 관계가 무너지고 말았다.
② 생각해보면 자신은 분단이 <u>낳은</u> 숙명적인 피해자였다.
③ 세월만 가면 아들 <u>낳고</u> 딸 <u>낳고</u>, 대추나무 대추 열리듯이 자손 많이 <u>낳을</u> 겁니다.
④ 그는 우리나라가 <u>낳은</u> 전제적인 과학자이다.
⑤ 이 고장은 훌륭한 박사를 많이 <u>낳은</u> 곳으로 유명하다.

6

> 우리에게 친숙한 동물들의 사소한 행동을 살펴보면 그들이 자신의 환경을 개조한다는 것을 알 수 있다. 가장 단순한 생명체는 물위에 뜬 채로 다니며 먹이가 그들에게 헤엄쳐 오게 만들고, 고등동물은 먹이를 구하기 위해 땅을 파거나 포획 대상을 추적하기도 한다. 이처럼 동물들은 자신의 목적을 위해 행동함으로써 환경을 변형시킨다. 이러한 생존 방식을 흔히 환경에 적응하는 것으로 설명한다. 그러나 이러한 설명은 생명체들이 그들의 환경 개변(改變)에 능동적으로 행동한다는 중요한 사실을 놓치고 있다.

① 갑작스럽게 일어난 사고에 질끈 감은 눈을 떠서 상황을 확인했다.
② 밀려오는 걱정에 잠들 수 없어 자꾸만 눈이 떠졌다.
③ 자원봉사자들은 유조선 사고로 인해 유출되어 바다에 뜬 기름을 하루 종일 걷어냈다.
④ 오늘따라 교실 분위기가 붕 떠 있는 것처럼 보였다.
⑤ 익숙하지 않은 도배작업이라 도배지가 여기저기 떠 있었다.

7 다음 글에서 추론할 수 있는 진술로 가장 옳은 것은?

> 이용자 60만 명을 넘어선 140자 내의 단문 메시지 서비스인 트위터가 지방 선거의 관도를 바꾸고 있다. 젊은이들은 트위터로 선거에 대한 생각을 자유롭게 쏟아냈다.
> 인터넷 사용자들이 직접 제작한 동영상이나 사진, 글 같은 콘텐츠를 의미하는 UCC가 새로운 선거 문화로 자리 잡고 있다. UCC 이용자는 꾸준히 증가하여 현재 500만 명을 넘어섰다. UCC는 시민들의 정치 과정을 언론과 함께 모니터링할 수 있다는 점에서 꾸준히 긍정적 평가를 받고 있다.

① 기존 대중 매체의 여론 형성 기능이 강화될 것이다.
② 합의적 정치 문화가 형성되어 정치가 안정될 것이다.
③ 인물보다는 정당 중심의 선거 문화가 정착될 것이다.
④ 기성세대와 젊은 세대 간의 소통이 활발해질 것이다.
⑤ 참여 방식의 다원화로 정치적 무관심이 줄어들 것이다.

8 유사한 속담끼리 연결된 것이 아닌 것은?

① 금강산도 식후경 – 수염이 대 자라도 먹어야 양반이다.

② 재주는 곰이 부리고 돈은 왕 서방이 번다. – 먹기는 파발이 먹고 뛰기는 역마가 뛴다.

③ 지렁이도 밟으면 꿈틀한다. – 한 치 벌레도 오 푼 결기는 있다.

④ 동지섣달에 배지기 적삼 – 상주보고 제삿날 다툰다.

⑤ 발 없는 말이 천리 간다. – 낮말은 새가 듣고 밤말은 쥐가 듣는다.

9 다음의 문장으로부터 명백하게 도출될 수 있는 주장은?

> 김씨는 자신이 담배를 끊지 못하고 있는 것을 부끄럽게 생각하고 있지만, 박씨는 자신이 도박을 한 적이 있었다는 것을 창피하게 생각하지 않는다.

① 김씨는 담배를 끊으려는 시도를 해본 적이 없다.

② 김씨는 아직도 담배를 피우고 있다.

③ 박씨는 한때 도박에 빠져 있었고 지금도 그러한 상태이다.

④ 박씨가 한때 도박에 빠졌었던 것은 자신의 의지와는 무관했다.

⑤ 김씨는 담배를 하루에 1갑 이상 피운다.

10 다음의 자료를 활용하여 글을 쓸 때, 제목으로 가장 알맞은 것은?

> • 도심 건축물의 공기 순환 모의실험 자료
> • 도심과 도시 주변 숲 지대의 연간 기온 변화 비교 자료
> • 도심 콘크리트 건축물과 도로 아스팔트의 열전도율 측정 자료
> • 연도별 대도시 주거지역 냉난방기 가동으로 인한 전력 소비량 증가 추이 자료

① 여름철 전력 사용량 절감 방안

② 귀농인을 위한 친환경 건축 설계

③ 친환경적 전력 생산 설비의 필요성

④ 도시개발과 환경보전의 양립 가능성

⑤ 에너지 절약형 도시 건축을 위한 제언

11 다음 글의 ㉠~㉤ 중 글의 흐름으로 보아 삭제해도 되는 문장은?

> ㉠영어 공부를 오랜만에 하는 분이나 회화를 체계적으로 연습한 적이 없는 분들을 위한 기초 영어 회화 교재가 나왔습니다. ㉡이제 이 책으로 두루두루 사용할 수 있는 기본 문형을 반복 훈련하십시오. ㉢이 책은 우선 머뭇거리지 않고 첫 단어를 말할 수 있게 입을 터줄 것입니다. ㉣저자는 수년간 언어 장애인을 치료, 연구하고 있는 권위 있는 의사입니다. ㉤또한 외국인과의 대화에 대한 두려움을 떨쳐낼 수 있도록 도와줄 것입니다.

① ㉠

② ㉡

③ ㉢

④ ㉣

⑤ ㉤

12 다음 광고문 중 불확실한 인과관계를 추출하도록 유도하는 경우에 해당하는 것은?

① 여자와 커피는 부드러워야 좋은 것 아니에요?

② 세계적인 장수국가 불가리아, 불가리아식으로 만든 불가리스

③ 전국 17개 종합병원 피부과와 공동개발, 민감성 피부에 자신을 드립니다.

④ 스위스 EMM사에서 공급받은 특수 유산균으로 만든 농축 요구르트는 요러브뿐입니다.

⑤ 마침내 분말이유식 시대를 넘어 그래늄이유식 시대로

13 다음 글에서 덕수의 깨달음과 관계되는 한자성어로 알맞은 것은?

> 어느 날 덕수는 서점에 들렀다. 서가에 꽂힌 책들을 보는데 괴테의 「파우스트」가 눈에 띄었다. 독일어 선생님이 입에 침이 마르도록 칭찬했던 작가의 대표작이다. 사실 별로 사고 싶은 생각은 없었지만 책값을 할인해 준다기에 7천원을 지불하고 가방에 넣었다. 그리고 당장 읽고 싶은 생각은 없었지만 속는 셈치고 집으로 돌아오자마자 읽기 시작했다. 그런데 일단 읽기 시작하자 책을 놓을 수가 없었다. 정말 훌륭한 작품이었다. 덕수는 사람들이 왜 괴테를 높이 평가하고 「파우스트」를 명작이라고 일컫는지 그 이유를 알게 되었다.

① 명불허전(名不虛傳)

② 식자우환(識字憂患)

③ 주마간산(走馬看山)

④ 전전긍긍(戰戰兢兢)

⑤ 절차탁마(切磋琢磨)

14 다음 글에서 범하고 있는 논리적 오류와 유사한 것은?

> 상수가 어제 백화점에 가서 10만 원 하는 운동화를 샀다. 그러므로 상수는 낭비벽이 심한 아이임에 틀림 없다.

① 꿈은 생리현상이다. 인생은 꿈이다. 그러므로 인생은 생리현상이다.

② 현대는 경쟁사회이다. 이 시대에 내가 살아남으려면 남이 나를 쓰러뜨리기 전에 내가 먼저 남을 쓰러뜨려야 한다.

③ 그가 무단횡단을 하는 바람에 지나가던 차가 그를 피하기 위해 방향을 틀다가 사람을 치어 두 명을 죽게 했다. 그러므로 그는 살인자다.

④ 김 선생이 한국고교에 다니는 한 학생을 알고 있었는데, 그 학생은 매우 총명하였다. 마침 한국고교로 가게 된 김 선생은 학생들이 총명하리라 기대하고 교실에 들어갔으나, 그만 쓴웃음을 지을 수밖에 없었다.

⑤ 유령은 분명히 존재한다. 지금까지 유령이 존재하지 않는다는 것을 증명할 수 있는 사람은 없었기 때문이다.

15 다음 밑줄 친 단어의 문맥적 의미가 같은 것은?

> 입사 후 처음으로 프로젝트팀에 합류하게 되었다. 맡겨진 임무는 비록 작은 일이었지만 최선을 다해서 임무 수행을 수행하였고 그 결과 만족할 만한 성과를 얻을 수 있었다.

① 화장실에 다녀올 테니 잠시 가방을 <u>맡아줘</u>.

② 무사히 관계 기관의 승인을 <u>맡았다</u>.

③ 도서관에서 자리를 <u>맡았다</u>.

④ 담임을 <u>맡다</u>.

⑤ 그릇에 담긴 액체의 냄새를 <u>맡았다</u>.

16 다음 속담 중 반의어가 사용되지 않은 것은?

① 달면 삼키고 쓰면 뱉는다.

② 가까운 이웃이 먼 친척보다 낫다.

③ 사공이 많으면 배가 산으로 간다.

④ 가는 말이 고와야 오는 말이 곱다.

⑤ 맞은 놈은 다리 뻗고 자도 때린 놈은 오그리고 잔다.

17 다음 빈칸에 공통적으로 들어갈 알맞은 말은?

> 문경 새재 입구에 있던 마을 이름은 듣기에도 정이 가는 '푸실'이었다. 풀이 우거졌다는 뜻의 '풀'에다 마을을 나타내는 '실'을 합해 '풀실'이 되고, 거기서 발음하기 어려운 'ㄹ'이 떨어져 '푸실'이 되었다. 다른 지방에 있는 '푸시울'이나 '풀실'도 같은 뜻이다.
>
> 푸실! 한번 소리 내서 불러 보라. 참 예쁘지 않은가? 부르기도 좋고 듣기도 좋고, 뜻도 좋은 순수 우리 이름이다. 이런 이름을 두고 일제 강점기 때 한자어로 지은 상초리(上草里), 하초리(下草里) 등을 지금껏 공식 땅 이름으로 사용하고 있다.
>
> 정겹고 사랑스런 (   ) 이름이 멋도 뜻도 없는 한자 이름으로 불리는 경우는 수천 수만 가지다. 곰내가 웅천(熊川), 까막다리가 오교(烏橋), 도르메가 주봉(周峯), 따순개미가 온동(溫洞), 잿고개가 탄현(炭峴), 지픈내(깊은 내)가 심천(深川), 구름터가 운기리(雲基里) 등, 생각나는 대로 살펴봐도 대번에 알 수 있다. 왜 우리는 (   ) 이름을 제대로 찾아 쓰지 못하고 있을까?

① 고유어   ② 외래어

③ 외국어   ④ 전문어

⑤ 유행어

Q 다음 글을 읽고 순서에 맞게 논리적으로 배열한 것을 고르시오. 【18~19】

18

> ㉠ 원인 하나를 말하자면 마감 직전에 매우 급하게 쓰는 것이었다. 이것은 좋지 않으므로, 이제부터 그만하고 싶다.
>
> ㉡ 그 이후 그런 겉치레는 그만두기로 했다. 겉치레는 그만두었지만, 알기 힘든 점이 있어서 그 점에 대해서는 생각해 보았다.
>
> ㉢ 하지만 이해가 되지 않아 스스로 읽어보았다. 정말 알기 힘든 점이 있다. 그럼에도 불구하고 초등학생도 나의 문장은 알기 힘들다고 말할 정도는 아닌 것이다.
>
> ㉣ 글을 못 쓴다거나 서투르다거나 하는 것은 제외하고 – 이것은 어느 부분까지는 어쩔 수가 없는 것이다. – 알기 힘들게 되는 원인 중 하나만은 분명하게 됐다.
>
> ㉤ 나의 문장은 알기 힘들다는 말을 들은 적이 있다. 그리고 그것을 겉치레라고 생각한 나도 어느 정도는 긍정한 적이 있다.

① ㉠㉡㉢㉣㉤
② ㉠㉡㉤㉢㉣
③ ㉡㉣㉤㉢㉠
④ ㉣㉤㉢㉠㉡
⑤ ㉤㉢㉡㉣㉠

19

> ㉠ 다음으로 새의 알은 대부분 소위 계란형을 이루고 있다.
>
> ㉡ 파충류의 알 중에도, 악어나 거북이의 알처럼 딱딱한 껍질을 가지고 있는 것도 있다.
>
> ㉢ 새 알은 그 밖의 동물의 알과는 꽤 다르다.
>
> ㉣ 그렇지만, 모든 새의 알은 딱딱한 껍질을 갖고 있는 것이다.
>
> ㉤ 우선, 표면이 딱딱한 껍질로 덮여 있다.

① ㉠㉢㉣㉤㉡
② ㉡㉤㉠㉢㉣
③ ㉢㉤㉡㉣㉠
④ ㉢㉡㉣㉤㉠
⑤ ㉣㉤㉠㉡㉢

20 다음 글에 포함되지 않은 내용은?

> 연금술이 가장 번성하던 때는 중세기였다. 연금술사들은 과학자라기보다는 차라리 마술사에 가까운 존재였다. 그들의 대부분은 컴컴한 지하실이나 다락방 속에 틀어박혀서 기묘한 실험에 열중하면서 연금술의 비법을 발견해내고자 하였다. 그것은 오늘날의 화학에서 말하자면 촉매에 해당하는 것이다. 그들은 어떤 분말을 소량 사용하여 모든 금속을 금으로 전화시킬 수 있다고 믿었다. 그리고 그들은 연금석이 그 불가사의한 작용으로 인하여 불로장생의 약이 될 것으로 생각하였다.

① 연금술사의 특징
② 연금술사의 꿈
③ 연금술의 가설
④ 연금술의 기원
⑤ 연금술이 번성하던 시기

21 단락이 통일성을 갖추기 위해 빈칸에 들어갈 문장으로 알맞지 않은 것은?

> 서구 열강이 동아시아에 영향력을 확대시키고 있던 19세기 후반, 동아시아 지식인들은 당시의 시대 상황을 전환의 시대로 인식하고 이러한 상황을 극복하기 위해 여러 방안을 강구했다. 조선 지식인들 역시 당시 상황을 위기로 인식하면서 다양한 해결책을 제시하고자 했지만, 서양 제국주의의 실체를 정확하게 파악할 수 없었다. 그들에게는 서양 문명의 본질에 대해 치밀하게 분석하고 종합적으로 고찰할 지적 배경이나 사회적 여건이 조성되지 못했기 때문이다. 그들은 자신들의 세계관에 근거하여 서양 문명을 판단할 수밖에 없었다. 당시 지식인들에게 비친 서양 문명의 모습은 대단히 혼란스러웠다. 과학기술 수준은 높지만 정신문화 수준은 낮고, 개인의 권리와 자유가 무한히 보장되어 있지만 사회적 품위는 저급한 것으로 인식되었다. 그래서 그들은 서양 자본주의 문화의 원리와 구조를 정확히 인식하지 못해 _____.

① 빈부격차의 심화, 독점자본의 폐해, 금융질서의 혼란 등 서양 자본주의 문화의 폐해에 대처할 능력이 없었다.
② 겉으로는 보편적 인권과 민주주의를 표방하면서도 실제로는 제국주의적 야욕을 드러내는 서구 열강의 이중성을 깊게 인식할 수 없었다.
③ 서양문화의 장·단점을 깊이 이해하고 우리나라의 현실에 맞도록 잘 받아들였다.
④ 서양의 문화에 대한 해석이 서로 판이하게 달랐다.
⑤ 서양의 발달된 문물에 대한 수용 또한 늦어지게 되었다.

22 다음은 굿에 대한 설명이다. 지은이가 가장 중시하는 굿의 의미는 무엇인가?

> 씻김굿은 죽은 사람의 한을 풀어주는 굿이다. 사람이 죽으면 다른 종교에서는 지옥이나 천국으로 간다고 들 하지만, 씻김굿에서는 오직 저승으로 갈 뿐이다. 천국과 지옥이 따로 없이 저승에 가서 편안히 살게 된다는 것이다. 윤회(輪回)도 없다. 사실, 굿판을 벌이는 가장 중요한 이유는, 살아 있는 사람들이 복을 받고 싶기 때문이다. 살아 있는 사람이 복을 받느냐 아니면 재앙을 당하느냐 하는 건, 죽은 사람의 영혼이 원한을 풀고 편안히 저승에 갔는가, 아니면 아직 이승에서 떠도는가 하는 데 달렸다고 우리 조상들 생각이 그랬던 것이다.

① 내세지향적 의미   ② 형식적 의미
③ 불교적 의미   ④ 현실적 의미
⑤ 관습적 의미

Q 다음 글을 읽고 물음에 답하시오. 【23~24】

한국어를 모국어로 사용하는 화자라면 의성어나 의태어가 어떤 말을 가리키는지 직관적으로 이해할 수 있고 금방이라도 예 몇 개쯤은 들 수 있다. 표준국어대사전에 따르면 의성어는 사람이나 사물의 소리를 흉내 낸 말로 '멍멍', '우당탕' 등을, 의태어는 사람이나 사물의 모양이나 움직임을 흉내 낸 말로 '엉금엉금', '번쩍번쩍' 등을 그 예로 들고 있다. 이런 의성어·의태어는 의미나 실제 사용되는 상황적 맥락에서 다른 어휘 부류와는 구별되는 몇 가지 특성을 가지고 있다.

의성어·의태어는 그 의미가 감각적이며 함축적이고 은유적이다. 감각적이라는 것은 소리나 모양, 움직임을 직접 들려주고 보여주는 것처럼 표현한다는 것이다. 이를테면 '종소리가 들렸다.'라고 하는 대신 소리를 바로 들려주고, '화살이 날아갔다.'라고 하는 대신 날아가는 모양을 바로 보여 주어야 하는데, 글자에서는 소리가 나거나 모양이 보이지 않으므로 대신 '땡'이라는 의성어나 '획'이라는 의태어를 쓰는 것이다. 이와 같은 의미 기능은 문장에서 직접인용의 형식으로 극대화된다.

또한 의성어·의태어는 한자어에 비길 만큼이나 응축된 의미를 표현할 수 있다. 본래 국어는 조사나 어미에 의해 품사가 바뀌거나 문장 성분이 달라지는데 이를 국어의 첨가어적 특징이라 한다. 이것은 한자어가 특별히 붙는 말 없이 그 자체로 문장 성분이 되는 것과 비교된다.

그런데 의성어·의태어는 서술어나 서술격 조사 없이도 서술적 기능을 할 수 있다. 이러한 점에서 의성어·의태어는 우리말에서 독특한 지위를 차지한다고 할 수 있다. 의성어·의태어는 대체로 호응하는 주어, 서술어가 한정되어

있다. 예를 들어 '아장아장'이라는 의태어가 아기가 걷는 모습을 표현하면 어울리지만 할아버지에 쓰면 어색해지는 경우이다. 그러나 이런 의성어·의태어의 제한은 은유적 확대를 통해 극복될 수 있다. 은유란 실제적으로 참이 아닌 사실을 말할 때, 청자(독자) 입장에서 화자(필자)의 의도를 추리하여 해석하는 과정이다. 예를 들면, '철수는 늑대다.'라고 했을 때 실제로는 '철수'가 늑대가 아닌 사람이므로 왜 화자가 그러한 표현을 사용했을까 하고 그 의도를 추리해서 해석하는 것을 가리킨다. 의성어·의태어는 감각을 표현하는 어휘 부류로서, 시각을 청각으로, 혹은 청각을 촉각으로 표현하는 것과 같은 공감각적 표현이라든지, ㉠비감각적인 추상적 대상을 감각화해서 표현하는 과정에서 은유가 발생한다. 예컨대 다리를 가진 동물에 쓸 수 있는 '껑충'이라는 의태어를 '물가(物價)'와 같은 추상명사에 적용하면 물가가 갑자기 많이 올랐다는 의미가 발생하게 되는 것이다.

23 윗글의 내용과 일치하지 않는 것은?

① 의성어·의태어는 대부분의 주어, 서술어와 함께 사용할 수 있다.

② 의성어·의태어는 언어의 응축된 의미를 표현하는 데 한자어만큼 뛰어나다.

③ 대부분의 한국인은 의성어·의태어를 사용하는 데 큰 어려움을 느끼지 않는다.

④ 의성어·의태어는 은유적 확대를 통해 한정적인 사용에서 벗어나 폭넓게 쓸 수 있다.

⑤ 움직임을 보여주는 것처럼 표현하기 위해 의태어를 쓸 때 직접인용을 하면 효과적이다.

24 ㉠의 구체적 사례로 적절하지 않은 것은?

① 한반도 통일설 왜 '솔솔' 나오나

② 대회 일정에 차질, 종일 '삐걱삐걱'

③ 수학 퍼즐 풀다보면 수리력이 '쑥쑥'

④ 공공화장실 수도꼭지 망가져 물 '줄줄'

⑤ 고등학교 학생들의 학구열 '활활' 타올라

25 다음 글의 서술 방식으로 가장 적절한 것은?

사람들은 누구나 정의로운 사회에 살기를 원한다. 그렇다면 정의로운 사회란 무엇일까? 이에 대해 철학자 로버트 노직과 존 롤스는 서로 다른 견해를 보인다.

자유지상주의자인 노직은 타인에게 피해를 주지 않는 한, 개인의 모든 자유가 보장되는 사회를 정의로운 사회라고 말한다. 개인이 정당하게 얻은 결과를 온전히 소유할 수 있도록 자유를 보장하는 것이 정의라는 것이다. 따라서 개인의 소유에 대해 국가가 간섭하는 것은 소유권이라는 개인의 자유를 침해하는 것이기 때문에 정의롭지 못하다고 주장한다. 그렇기 때문에 노직은 선천적인 능력의 차이와 사회적 빈부 격차를 당연한 것으로 본다. 따라서 복지 제도나 누진세 등과 같은 국가의 간섭에 의한 재분배 시도에 대해서는 강력하게 반대한다. 다만 빈부 격차를 해소하기 위한 사람들의 자발적 기부에 대해서는 인정한다.

롤스는 개인의 자유를 보장하면서도 사회적 약자를 배려하는 사회가 정의로운 사회라고 말한다. 롤스는 정의로운 사회가 되기 위해서는 세 가지 조건을 만족해야 한다고 주장한다. 첫 번째 조건은 사회 원칙을 정하는 데 있어서 사회 구성원 간의 합의 과정이 있어야 한다는 것이다. 이러한 합의를 통해 정의로운 세계의 규칙 또는 기준이 만들어진다고 보았다. 두 번째 조건은 사회적 약자의 입장을 고려해야 한다는 것이다. 롤스는 인간의 출생, 신체, 지위 등에는 우연의 요소가 많은 영향을 미칠 수 있다고 본다. 따라서 누구나 우연에 의해 사회적 약자가 될 수 있기 때문에 사회적 약자를 차별하는 것은 정당하지 못한 것이 된다. 마지막 조건은 개인이 정당하게 얻은 소유일지라도 그 이익의 일부는 사회적 약자에게 돌아가야 한다는 것이다. 왜냐하면 사회적 약자가 될 가능성은 누구에게나 있으므로, 자발적 기부나 사회적 제도를 통해 사회적 약자의 처지를 최대한 배려하는 것이 사회 전체로 볼 때 공정하고 정의로운 것이기 때문이다.

노직과 롤스는 이윤 추구나 자유 경쟁 등을 허용한다는 면에서는 공통점을 보인다. 그러나 노직은 개인의 자유를 중시하여 사회적 약자의 자연적·사회적 불평등의 해결을 개인의 선택에 맡긴다. 반면에 롤스는 개인의 자유를 중시하는 한편, 사람들이 공정한 규칙에 합의하는 과정도 중시하며, 자연적·사회적 불평등을 복지를 통해 보완해야 한다고 주장한다. 롤스의 주장은 소수의 권익을 위한 이론적 틀을 제시했으며, 평등의 이념을 확장시켜 복지 국가에 대한 이론적 근거를 마련했다고 할 수 있다.

① 두 견해가 서로 인과 관계에 있음을 논증하고 있다.
② 상반된 견해에 대하여 절충적 대안을 제시하고 있다.
③ 논의된 내용을 종합하여 새로운 문제를 제기하고 있다.
④ 어떤 이론이 다양하게 분화하는 과정을 보여 주고 있다.
⑤ 하나의 논점에 대한 두 견해를 소개하면서 비교하고 있다.

Q 다음 표는 어떤 종합병원의 연도별 진료과목 환자 수이다. 다음 물음에 답하시오. 【1~2】

(단위 : %)

연도 과목	2016	2017	2018	2019	2020
내과	32.7	32.6	36.3	42.0	40.3
외과	24.9	23.2	22.4	21.4	20.7
소아과	21.3	22.1	17.0	11.4	12.6
응급실	21.1	22.1	24.3	25.2	26.4
합계	100	100	100	100	100

1 2018년의 내원환자가 2,400명일 때 소아과를 방문한 환자 수는 몇 명인가?

① 408 ② 409
③ 410 ④ 411

2 다음 중 위 표와 내용과 맞지 않은 것을 고르면?

① 외과의 환자 수는 해마다 감소하였다.
② 2017년 환자 중 내과진료를 받은 환자가 가장 많다.
③ 응급실을 이용하는 환자의 비율은 해마다 증가하고 있다.
④ 2019년 내과에 840명이 내원했다면 2019년 종합병원을 방문한 환자 수는 총 2,000명이다.

3 다음은 어느 회사 사원 400명의 출근수단의 비율이다. 이 회사에 걸어서 출근하는 사원은 몇 명인가?

(단위 : %)

	도보	자전거	대중교통	자차
남성	10	9	42	39
여성	15	2	43	40

※ 남녀 성비는 4:6이다.

① 49

② 50

③ 51

④ 52

4 서원전기의 작년 한 해 동안 송전과 배전설비 수리 건수는 총 238건이다. 설비를 개선하여 올해의 송전과 배전설비 수리 건수가 작년보다 각각 40%, 10%씩 감소하였다. 올해 수리 건수의 비가 5:3일 경우, 올해의 송전설비 수리 건수는 몇 건인가?

① 102건

② 100건

③ 98건

④ 95건

5 A사탕통은 한 통에 사탕이 12개가 들어있고 B사탕통은 한 통에 사탕이 5개가 들어있다. A사탕통 20통을 3만 6천 원에 구매하였고 B사탕통은 5통을 4만 원에 구매했을 때, A사탕통과 B사탕통의 사탕 1개 가격의 합은 얼마인가?

① 1,550원

② 1,600원

③ 1,750원

④ 1,800원

6 칠판에 1부터 20까지의 수가 하나씩 쓰여 있고, 20개의 수 중 임의의 수 a와 b를 지우고 a−1, b−1을 써넣었다. 이 시행을 20번 반복한 후 칠판에 써진 모든 수를 더한 값을 구하면?

① 110   ② 130

③ 150   ④ 170

7 다음은 조선 시대 왕의 즉위 당시의 나이를 조사하여 나타낸 히스토그램이다. 즉위 당시의 나이가 40세 이상인 왕의 수는?

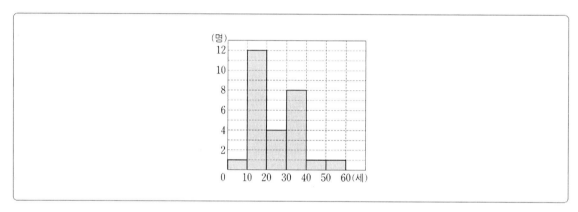

① 2명   ② 4명

③ 10명   ④ 14명

8 상자에 인형을 4개씩 담으면 인형이 6개 남고, 5개씩 담으면 상자 1개가 남는다고 한다. 상자의 개수가 될 수 없는 것은?

① 10개   ② 11개

③ 12개   ④ 14개

9 남자 7명, 여자 5명으로 구성된 프로젝트 팀의 원활한 운영을 위해 운영진 두 명을 선출하려고 한다. 남자가 한 명도 선출되지 않을 확률을 구하면?

① $\dfrac{7}{30}$

② $\dfrac{8}{33}$

③ $\dfrac{7}{32}$

④ $\dfrac{5}{33}$

10 다음은 달러 대비 원화의 환율 변동 추이를 나타낸 그래프이다. 이에 대한 설명으로 옳지 않은 것은?

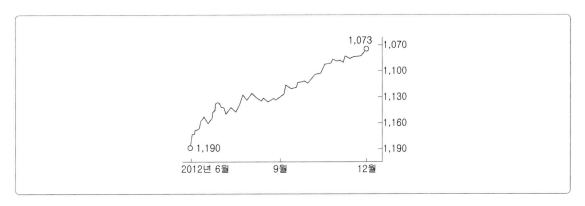

① 환율이 하락하니 원화 가치가 상승하고 있다.

② 우리나라 기업들은 수출품의 가격 경쟁력이 하락할 것이다.

③ 외국인 관광객이 감소하여 국내 관광업계는 불황을 맞게 될 것이다.

④ 수입품 가격이 비싸 국내 물가가 높아져 서민들의 생활은 더욱 어려워질 것이다.

11 다음은 산업별 취업자 구성비를 나타낸 표이다. 이에 대한 설명으로 옳은 것들끼리 바르게 짝지어진 것은?

(단위 : %)

연도	취업자(천 명)	농림어업	광공업	SOC 및 기타
1995	18,085	17.9	27.6	54.5
2000	20,414	11.8	23.7	64.5
2005	21,156	10.6	20.4	69.0
2010	22,856	7.9	18.6	73.5

※ SOC 및 기타는 사회간접자본 및 서비스 산업 등을 말한다.

> ㉠ 농림어업 인구 비중의 감소 폭이 지속적으로 줄어들었다.
> ㉡ 정보 사회화가 진행되고 있는 추세가 반영된 결과이다.
> ㉢ 2010년 농림어업 인구는 2005년에 비해 2.7% 줄었다.
> ㉣ 점차 광공업 인구의 비중이 줄어들고 있다.

① ㉠, ㉡

② ㉠, ㉢

③ ㉡, ㉣

④ ㉠, ㉢, ㉣

Q 다음은 어느 아파트의 각 동별 교통수단 이용을 나타낸 표이다. 물음에 답하시오. 【12~13】

구분	101동	102동	103동	104동	105동
택시	0%	0%	10%	50%	45%
버스	10%	85%	40%	10%	10%
지하철	90%	15%	50%	40%	45%
이용인원	20명	100명	40명	50명	60명

12 105동에서 택시를 이용한 인원수는?

① 25명　　　　　　　　　　② 26명
③ 27명　　　　　　　　　　④ 28명

13 지하철 이용을 가장 많이 한 동은 어느 동인가?

① 102동　　　　　　　　　② 103동
③ 104동　　　　　　　　　④ 105동

Ⓠ 다음은 커피 수입 현황에 대한 표이다. 물음에 답하시오. 【14~15】

(단위 : 톤, 천 달러)

구분	연도	2008	2009	2010	2011	2012
생두	중량	97.8	96.9	107.2	116.4	100.2
	금액	252.1	234.0	316.1	528.1	365.4
원두	중량	3.1	3.5	4.5	5.4	5.4
	금액	37.1	42.2	55.5	90.5	109.8
커피조제품	중량	6.3	5.0	5.5	8.5	8.9
	금액	42.1	34.6	44.4	98.8	122.4

※ 1) 커피는 생두, 원두, 커피조제품으로만 구분됨
2) 수입단가 = 금액 / 중량

14 다음 중 표에 관한 설명으로 가장 적절한 것은?

① 커피전체에 대한 수입금액은 매해마다 증가하고 있다.

② 2011년 생두의 수입단가는 전년의 2배 이상이다.

③ 원두 수입단가는 매해마다 증가하고 있지는 않다.

④ 2012년 커피조제품 수입단가는 2008년의 2배 이상이다.

15 다음 중 수입단가가 가장 큰 것은?

① 2010년 원두   ② 2011년 생두

③ 2012년 원두   ④ 2011년 커피조제품

16 학생성적 순위별로 월평균 유형별 사교육비를 나타낸 표이다. 다음 중 표에 대한 설명으로 옳지 않은 것은?

(단위 : 만 원)

유형별 사교육비	상위 10% 이내	11~30%	31~60%	61~80%	하위 20% 이내
개인과외	3.6	3.2	3.3	3.6	2.8
그룹과외	2.7	2.5	2.0	1.6	0.9
학원수강	17.7	14.8	11.6	8.4	5.2
방문학습지	2.3	2.3	1.6	0.9	0.8
유료인터넷·통신	0.5	0.4	0.3	0.2	0.1

① 상위 10% 이내의 성적에 드는 학생들은 유료 인터넷 및 통신보다 학원수강으로 사교육비를 더 지출하고 있다.

② 중상위권 학생들은 상위 10% 이내의 성적에 드는 학생들과 방문학습지로 지출하는 사교육비가 동일하다.

③ 하위 20% 이내의 학생들은 상위 10% 이내의 학생들과 비교하여 볼 때, 사교육비 지출이 적다.

④ 중하위권 학생들은 중위권 학생들과 학원수강비로 지출하는 사교육비가 별 차이가 없다.

17 다음은 어느 학교 학생들의 중간평가점수 중 영역별 상위 5명의 점수이다. 표에 대한 설명으로 옳은 것은?

순위	국어		영어		수학	
	이름	점수	이름	점수	이름	점수
1	A	94	B	91	D	97
2	C	93	A	90	G	95
3	E	90	C	88	F	90
4	D	88	F	82	B	88
5	F	85	D	76	A	84

※ 1) 각 영역별 동점자는 없었음
  2) 총점이 250점 이하인 학생은 보충수업을 받는다.
  3) 전체 순위는 세 영역 점수를 더해서 정한다.

① B의 총점은 263점을 초과하지 못한다.

② E는 보충수업을 받지 않아도 된다.

③ D의 전체 순위는 2위이다.

④ G는 보충수업을 받아야 한다.

18 다음 표는 유럽 연합(EU)의 발전원별 전력 생산 비율을 비교한 것이다. 이에 대한 분석으로 옳은 것은?

비용(mECU/kWh)	석탄	석유	천연가스	원자력	바이오매스	태양광	풍력
직접 비용	41	51.5	35	47	38	671	69.5
외부 비용	55	57	18	4.5	13.1	2.6	1.5
총 비용	96	108.5	53	51.5	51.1	673.6	71

① 직접 비용이 가장 높은 것은 석유이다.

② 외부 비용이 가장 낮은 것은 원자력이다.

③ 신·재생에너지는 화석 연료보다 외부 비용이 낮다.

④ 총 비용은 태양광이 화석 연료 및 원자력보다 낮다.

19 다음은 우리나라의 연도별 5대 수출 품목과 수출액 비중의 변화를 나타낸 자료이다. 이를 통해 알 수 있는 내용으로 옳은 것은?

순위 \ 연도	1980년		1990년		2000년	
	품목	비중(%)	품목	비중(%)	품목	비중(%)
1	의류	15.9	의류	11.7	반도체	15.1
2	철강판	4.1	반도체	7.0	컴퓨터	8.4
3	선박	3.5	가죽·신발	4.6	자동차	7.7
4	인조 섬유	3.2	선박	4.3	석유 화학	5.5
5	음향기기	2.8	영상기기	4.1	선박	4.8
합계		29.5		31.7		41.5

① 총 수출액 중 5대 수출 품목의 비중이 줄어들고 있다.

② 항공을 이용한 수출 화물의 운송량이 감소하고 있다.

③ 첨단 산업 부문의 국제 경쟁력이 높아지고 있다.

④ 수출품의 운반거리가 줄어들고 있다.

20 다음 자료는 연도별 자동차 사고 발생상황을 정리한 것이다. 다음의 자료로부터 추론하기 어려운 내용은?

(단위 : %)

연도＼구분	발생건수(건)	사망자수(명)	10만 명당 사망자 수(명)	차 1만 대당 사망자 수(명)	부상자 수(명)
2009	246,452	11,603	24.7	11	343,159
2010	239,721	9,057	13.9	9	340,564
2011	275,938	9,353	19.8	8	402,967
2012	290,481	10,236	21.3	7	426,984
2013	260,579	8,097	16.9	6	386,539

① 연도별 자동차 수의 변화
② 운전자 1만 명당 사고 발생 건수
③ 자동차 1만 대당 사고율
④ 자동차 1만 대당 부상자 수

Q 다음 도형을 펼쳤을 때 나타날 수 있는 전개도를 고르시오. 【1~5】

※ 주의사항
• 입체도형을 전개하여 전개도를 만들 때, 전개도에 표시된 그림(예 : ▌, ◳ 등)은 회전의 효과를 반영함. 즉, 본 문제의 풀이과정에서 보기의 전개도 상에 표시된 "▌▌"와 "▬▬"은 서로 다른 것으로 취급함.
• 단, 기호 및 문자(예 : ☎, ♤, ♨, K, H)의 회전에 의한 효과는 본 문제의 풀이과정에 반영하지 않음. 즉, 입체도형을 펼쳐 전개도를 만들었을 때에 "☏"의 방향으로 나타나는 기호 및 문자도 보기에서는 "☎"방향으로 표시하며 동일한 것으로 취급함.

1

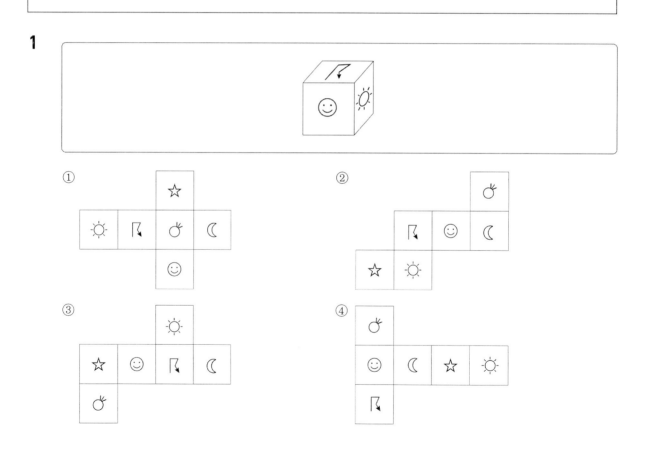

2

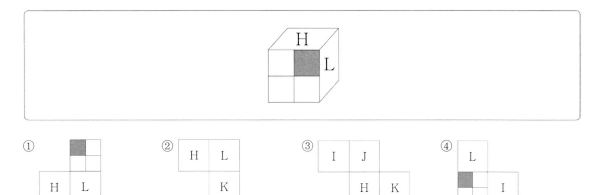

① ② ③ ④

3

① ② ③ ④

4

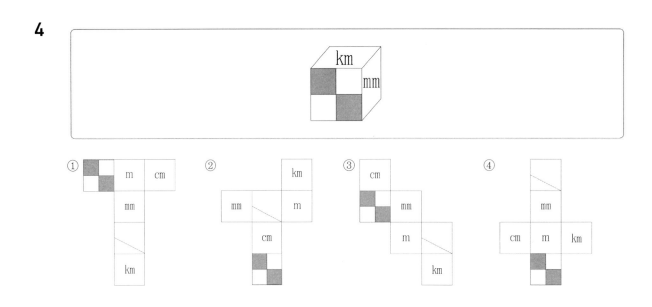

5

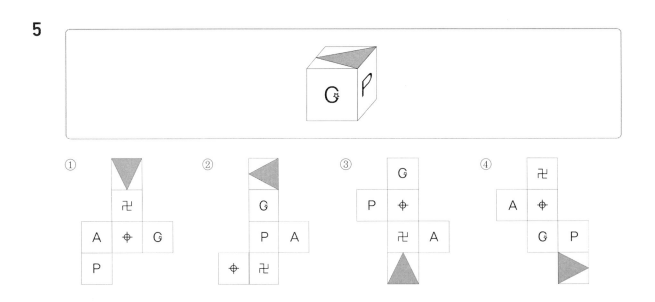

Q 다음 전개도를 접었을 때 나타나는 도형으로 알맞은 것을 고르시오. 【6~10】

※ 주의사항
- 전개도를 접을 때 전개도 상의 그림, 기호, 문자가 입체도형의 겉면에 표시되는 방향으로 접음.
- 전개도를 접어 입체도형을 만들 때, 전개도에 표시된 그림(예 : ▮▮, ◨ 등)은 회전의 효과를 반영함. 즉, 본 문제의 풀이과정에서 보기의 전개도 상에 표시된 "▮▮"와 "◨"은 서로 다른 것으로 취급함.
- 단, 기호 및 문자(예 : ☎, ♨, ♨, K, H)의 회전에 의한 효과는 본 문제의 풀이과정에 반영하지 않음. 즉, 전개도를 접어 입체도형을 만들었을 때에 "☏"의 방향으로 나타나는 기호 및 문자도 보기에서는 "☎"방향으로 표시하며 동일한 것으로 취급함.

6

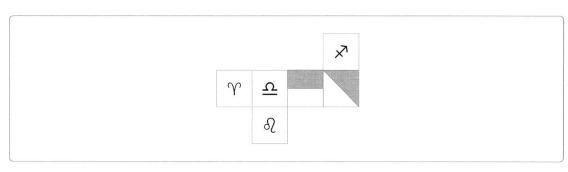

① 　　② 　　③ 　　④

7

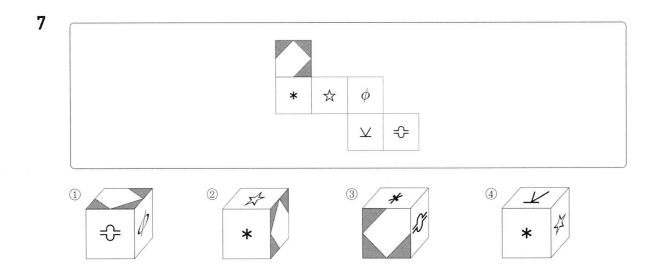

8

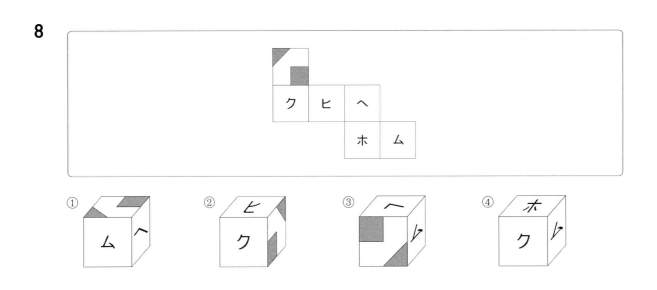

9

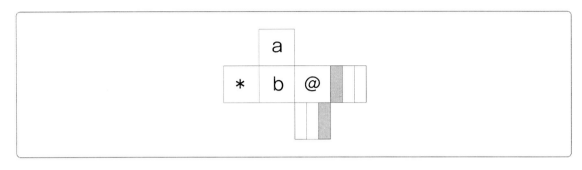

①   ②  ③ 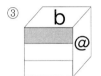 ④

10

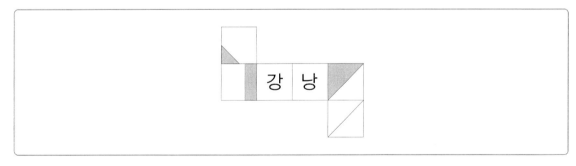

①   ② 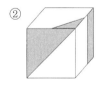 ③   ④

* 블록의 모양과 크기는 모두 동일한 정육면체임

11

① 58

② 59

③ 60

④ 61

12

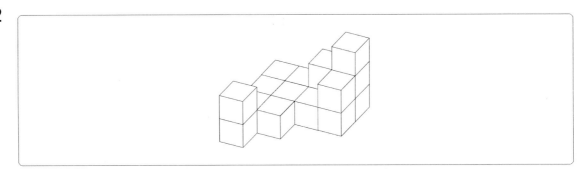

① 15

② 16

③ 17

④ 18

13

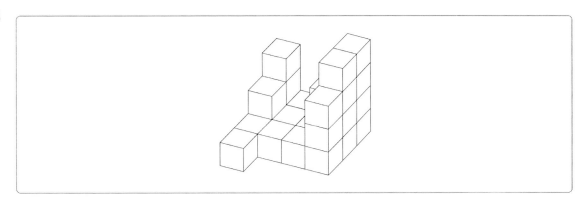

① 23　　　　　　　② 24

③ 25　　　　　　　④ 26

14

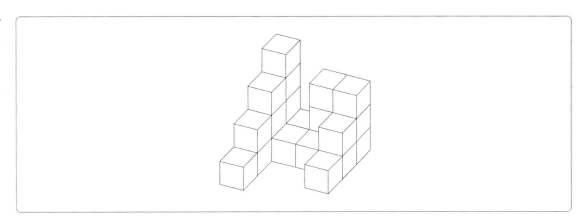

① 19　　　　　　　② 20

③ 21　　　　　　　④ 22

Q 아래에 제시된 블록들을 화살표 표시한 방향에서 바라봤을 때의 모양으로 알맞은 것은? 【15~18】

> ※ 주의사항
> • 블록의 모양과 크기는 모두 동일한 정육면체임.
> • 바라보는 시선의 방향은 블록의 면과 수직을 이루며 원근에 의해 블록이 작게 보이는 효과는 고려하지 않음.

15

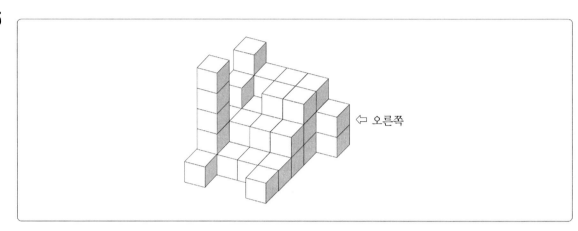

① 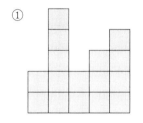   ② 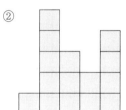   ③ 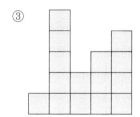   ④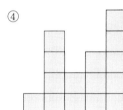

16

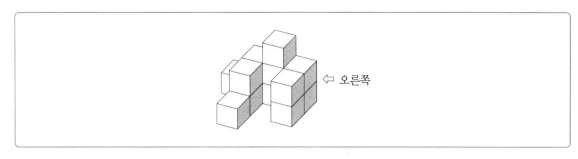

⇐ 오른쪽

①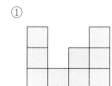

②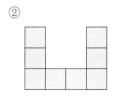

③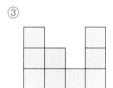

④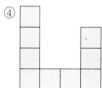

17

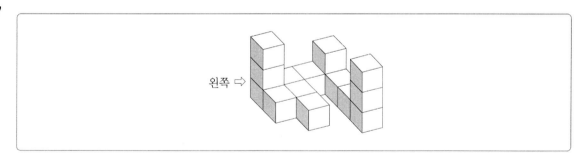

왼쪽 ⇨

① ② ③ ④

18

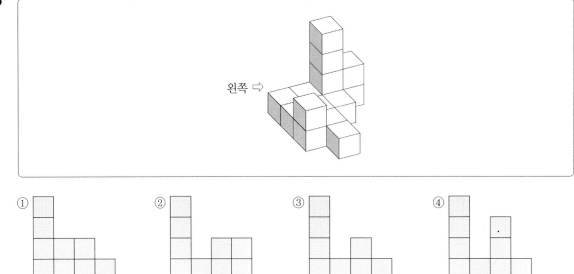

① ② ③ ④

30문항/3분

ⓠ 제시된 기호, 문자, 숫자의 대응을 참고하여 각 문제의 대응이 같으면 '① 맞음'을, 틀리면 '② 틀림'을 선택하시오. 【1~5】

@=ⓐ   ※=ⓑ   ☆=ⓒ   ○=ⓓ   ♨=ⓔ   ■=ⓕ
↔=ⓖ   ♬=ⓗ   ☎=ⓘ   ◐=ⓙ   ◆=ⓚ   ♡=ⓛ

1 ⓚⓒⓘⓓⓕⓐ – ◆☆☎※■@   ① 맞음   ② 틀림

2 ⓘⓒⓔⓚⓐⓖ – ☎☆♨◆@↔   ① 맞음   ② 틀림

3 ⓖⓘⓒⓚⓔⓛ – ↔☎☆◆♨♡   ① 맞음   ② 틀림

4 ⓕⓐⓘⓒⓔⓓ – ■@♡☆♨○   ① 맞음   ② 틀림

5 ⓙⓐⓛⓔⓚⓓ – ◐@♡♨◆☆   ① 맞음   ② 틀림

Q 다음에서 각 문제의 왼쪽에 표시된 굵은 글씨체의 기호, 문자 또는 숫자의 개수를 오른쪽에서 찾으시오. 【6~9】

6 B м д е х т у ф ч ш б в г д е в д п в ш й

① 1개   ② 2개
③ 3개   ④ 4개

7 ☙ ␡ ␡ ⍨

① 1개   ② 2개
③ 3개   ④ 4개

8 H ⍨ ⍨ ⍨ ⍨ ⍨ ⍨ ⍨ H H ⍨ ⍨ ⍨ ⍨ H ⍨ H ⍨ ⍨

① 1개   ② 2개
③ 3개   ④ 4개

9 ♀ ⍨ ⍨ ⍨ ⍨ ⍨ ⍨ ⍨ ⍨ ⍨ ♀ ⍨ ⍨ ⍨ ⍨ ⍨ ⍨ ⍨ ⍨

① 1개   ② 2개
③ 3개   ④ 4개

Q 제시된 기호, 문자, 숫자의 대응을 참고하여 각 문제의 대응이 같으면 '① 맞음'을, 틀리면 '② 틀림'을 선택하시오. 【10~11】

I = ♥	Y = ₩	T = ♣	V = %
S = @	J = ★	C = $	D = ♠

10 S S I D V – @ @ ♥ ♠ %

① 맞음   ② 틀림

11 J T C T D – ★ ♣ ₩ ♣ ♠

① 맞음   ② 틀림

Ⓠ 제시된 기호, 문자, 숫자의 대응을 참고하여 각 문제의 대응이 같으면 '① 맞음'을, 틀리면 '② 틀림'을 선택하시오. 【12~15】

🖊 = ⑩	✂ = ⑭	➿ = ①	🔔 = ⑤	📖 = ⑧	🌡 = ②	☎ = ⑬
☽ = ⑫	✉ = ③	📻 = ⑥	📂 = ④	📄 = ⑦	🕑 = ⑪	💣 = ⑨

12 ① ② ③ ④ ⑤ – ➿ 🌡 ✉ 📂 🔔　　　　　　① 맞음　　② 틀림

13 ⑥ ⑦ ⑧ ⑨ ⑩ – 📻 📄 📖 💣 🖊　　　　　　① 맞음　　② 틀림

14 ⑪ ⑫ ⑬ ⑭ ② – 🕑 ☽ ☎ ✂ ➿　　　　　　① 맞음　　② 틀림

15 ④ ⑥ ⑧ ⑨ ⑪ – 📂 📖 📻 💣 🕑　　　　　　① 맞음　　② 틀림

16 x^2 $Dx^3x^2z^7x^3z^6z^5x^4x^2x^9z^2z^1$

① 1개   ② 2개
③ 3개   ④ 4개

17 ㄹ   두 쪽으로 깨뜨려져도 소리하지 않는 바위가 되리라.

① 1개   ② 3개
③ 5개   ④ 7개

18 S   AWGZXTSDSVSRDSQDTWQ

① 1개   ② 2개
③ 3개   ④ 4개

19 시   제시된 문제를 잘 읽고 예제와 같은 방식으로 정확하게 답하시오.

① 1개   ② 2개
③ 3개   ④ 4개

20 6   10010587625460026873217

① 1개   ② 2개
③ 3개   ④ 4개

21 ↘   ↗←→↘↑→↓↖→↗←→↗↗↙←↘↓↑←→

① 1개   ② 2개
③ 3개   ④ 4개

22 8   2.718281828459045235536028

① 4개   ② 5개
③ 6개   ④ 7개

23 ⚃   (주사위 기호 나열)

① 1개   ② 2개
③ 3개   ④ 없다.

24 자   가가자차자가자아마아자바

① 1개   ② 2개
③ 3개   ④ 없다.

25 ㄹ 영변에 약산 진달래꽃 아름 따다 가실 길에 뿌리우리다.

① 5개 ② 6개
③ 7개 ④ 8개

Q 다음 왼쪽과 오른쪽 기호, 문자, 숫자의 대응을 참고하여 각 문제의 대응이 같으면 '①맞음'을, 틀리면 '②틀림'을 선택하시오. 【26~30】

예 = A	글 = O	도 = S	표 = G	해 = F
약 = D	뇨 = P	유 = Q	특 = W	환 = J

26 A P W G J – 예 뇨 특 표 환

① 맞음 ② 틀림

27 D S D O Q – 약 도 약 글 유

① 맞음 ② 틀림

28 F G J A S – 해 표 환 예 도

① 맞음 ② 틀림

29 Q S O J F – 유 도 글 환 해

① 맞음 ② 틀림

30 S S D P W – 도 도 예 뇨 특

① 맞음 ② 틀림

1 다음 자료의 사건 이후 일어난 일로 옳지 않은 것은?

> 오늘날까지 우리나라와 우방 국가 사이에 지금까지 유지되어 왔던 독립국가인 우리나라가, 일본에 의해 우호적인 외교관계를 단절케 되고 극동 평화를 끊임없이 위협하도록 방임할 수 있겠습니까?
> 본인들은 황제 폐하로부터 파견된 대한제국의 대표임에도 불구하고 일본의 강압에 의하여 이 헤이그 회의에 참석할 수 없다는 사실이 몹시 통탄스럽습니다.
> 우리는 우리들이 떠나오던 날까지 일본인들에 의해 취해진 모든 수단과 자행된 행위들을 요약하여 본 서한에 첨부하오니, 우리 조국을 위하여 지극히 중대한 본 문제에 호의적인 관심을 기울여 주시기 바랍니다.

① 고종황제가 강제퇴위 당했다.
② 국내 의병들이 양주에 집결해 서울진공작전을 계획했다.
③ 을사늑약이 체결되어 외교권이 박탈당했다.
④ 대한제국 군대가 해산 되었다.

2 다음에서 서술하고 있는 독립군부대는?

> 우리는 3,000만 한국인 및 정부를 대표하여 중국 · 영국 · 미국 · 네덜란드 · 캐나다 · 오스트레일리아 및 기타 제국(諸國)의 대일(對日) 선전 포고를 삼가 축하한다. 이것은 일본을 쳐부수고 동아시아를 재창조하는 가장 유효한 수단이다. 이에 특히 아래와 같이 성명서를 낸다.
> 1. 한국 전체 인민은 현재 이미 반침략 전선에 참가하였고, 일개 전투 단위가 되어 축심국(軸心國)에 대하여 선전 포고한다.
> …(중략)…
> 5. 나구선언(羅邱宣言) 각 조를 단호히 주장하며 한국 독립을 실현하기 위하여 적용하며 이것으로 인해 특히 민주 전선의 최후 승리를 미리 축하한다.

① 서로군정서　　　　　　　　　② 조선의용군
③ 대한독립군　　　　　　　　　④ 한국광복군

3 다음 개헌안을 발표한 대통령 때에 일어난 사건이 아닌 것은?

> 제55조 : 대통령과 부통령의 임기는 4년으로 한다. 단, 재선에 의하여 1차 중임할 수 있다. 대통령이 궐위
> 될 때에는 부통령이 대통령이 되고 잔임 기간 중 재임한다.
> 부칙 : 이 헌법 공포 당시의 대통령에 대하여는 제55조 제1항 단서의 제한을 적용하지 아니한다.

① 진보당사건

② 4 · 19혁명

③ 인민혁명당 사건

④ 2 · 4 정치파동

4 다음 법에 대한 설명으로 옳지 않은 것은?

> 제1조 : 본법은 헌법에 의거하여 농지를 농민에게 적절히 분배함으로서 농가경제의 자립과 농업생산력의
> 증진으로 인한 농민생활의 향상 내지 국민경제의 균형과 발전을 기함을 목적으로 한다.
> 제4조 : 본법 시행에 관한 사무는 농림부장관이 이를 관장한다. 본법의 원활한 운영을 원조하기 위하여
> 중앙, 시도, 부군도, 읍, 면, 동, 리에 농지위원회를 설치한다.
> 제17조 : 일체의 농지는 소작, 임대차 또는 위탁경영 등 행위를 금지한다.

① 6 · 25전쟁으로 중단 되었다가 1957년에 완수 되었다.

② 경자유전(耕者有田)의 원칙을 실현하였다.

③ 중세적 · 지주적 토지 소유가 폐지되었다.

④ 무상몰수, 무상분배의 원칙으로 분배되었다.

5 다음 사진과 노래가사는 6 · 25전쟁 당시 상황을 표현한 것이다. 이 사건에 대한 원인으로 옳은 것은?

눈보라가 휘날리는
바람 찬 흥남 부두에
목을 놓아 불러 보았다
찾아를 보았다

금순아 어데로 가고
길을 잃고 헤매었드냐
피눈물을 흘리면서
1 · 4이후 나 홀로 왔다.

① 북한의 기습 남침　　　　　　② 인천 상륙작전
③ 중국군의 참전　　　　　　　　④ 백마고지 전투

6　빈칸에 들어갈 사건은?

대한 제국은 1900년에 칙령 제41호를 반포하여 울릉도 군수를 통해 독도를 관할하였다. 그러나 일제는 (　　　) 중에 독도를 불법으로 자국 영토에 편입시켰다.

① 청 · 일 전쟁　　　　　　　　② 태평양 전쟁
③ 러 · 일 전쟁　　　　　　　　④ 만주 사변

7 다음 자료에 해당하는 민족 운동은?

"조선인은 조선인 상점을 통해 구매와 판매를 하고, 조선인의 제작품을 사용하여 편익을 도모하자!"

① 브나로드 운동
② 물산 장려 운동
③ 형평 운동
④ 민립 대학 설립 운동

8 1990년대 이후 북한의 정치 및 경제의 변화에 대한 설명으로 옳은 것은?

① 실무형 관료와 혁명 2세대가 등장하였다.
② 사회주의 국가들의 붕괴 등으로 경제 위기 상황을 맞이하였다.
③ 천리마 운동을 실시하였다.
④ 나진 · 선봉에 자유 무역 지대를 개설하였다.

9 1960년 이후 사회변화에 대한 설명으로 옳지 않은 것은?

① 전태일 분신 사건으로 근로 조건이 개선되었다.
② 의무 교육 실시에 따른 교육 수준이 향상되었다.
③ 라디오와 텔레비전이 보급되었지만 언론의 자유가 없었다.
④ 이촌 향도 현상으로 농촌의 노동력이 부족하였다.

10 다음 대화를 통해 알 수 있는 사건에 대한 설명으로 옳지 않은 것은?

> "그 소식 들었나? 새로 온 군수가 또 보를 쌓는다는군."
>
> "뭐라고? 이미 있는걸 뭐 하러 또 쌓는단 말인가? 우리만 죽어나겠구나!"
>
> "농사를 하기 위해 물을 쓰는 건 당연한데 왜 우리가 물세를 내어야하나?"

① 고종이 일본군에게 도움을 요청하였다.
② 공주 우금치 전투에서 일본군에게 패배하였다.
③ 탐관오리의 횡포에 농민들이 군을 조직하였다.
④ 전라도에 집강소를 설치하였다.

11 다음에 대한 설명으로 옳은 것은?

> 통일 정책을 순서대로 나열하기
> • 1990년대 … ㉠
> • 1980년대 … ㉡
> • 1970년대 … ㉢
> • 1960년대 … ㉣

① ㉠ – 남한이 '민족화합 민주통일방안' 제시
② ㉡ – '중립화 통일론 · 남북협상론' 제기
③ ㉢ – '7 · 4 남북공동성명' 발표
④ ㉣ – 남 · 북한 간에 '화해와 불가침 및 교류 협력에 관한 합의서' 채택

12 ㈎에 해당하는 단체는?

> 질문 ⋯ ㈎의 활동으로 무엇이 있나요?
> 답변 1 ⋯ 1933년 '한글 맞춤법 통일안' 발표
> 답변 2 ⋯ '우리말 큰사전' 편찬 작업을 준비함

① 조선어 연구회　　　　　　　② 진단 학회
③ 조선사 편수회　　　　　　　④ 조선어 학회

13 보기와 관련된 설명으로 알맞은 것은?

> • 이승만과 이동휘가 각각 대통령과 국무총리로 집권하고 있었다.
> • 3 · 1운동 이후 한성 정부를 계승하였다.

① 상하이 지역은 일제의 영향력이 강하여 외교활동에 불리했다.
② 안창호는 연통제 실시와 교통국 설치를 추진하였다.
③ 많은 청년들이 침략 전쟁에 투입되었다.
④ 미국 강화 회의에 독립 청원서를 제출하고 파리에 구미위원부를 설치했다.

14 다음 근대 시설에 대한 내용으로 알맞은 것은?

① 우정총국을 설립하여 근대적 우편 제도를 실시하였다.
② 출판인쇄를 담당한 시설은 전환국이다.
③ 광혜원과 같은 교육시설을 설립하였다.
④ 박문국에서 무기를 제조하였다.

15 다음 (가)와 (나) 사이의 시기에 있었던 사실로 옳은 것은?

> (가) 조선 총독부 법률 제30호에 근거하여 조선 태형령을 공포한다.
>
> −조선 총독부 관보(1912)−
>
> (나) 시대가 변하여 조선에서도 조선 사람에게만 한하여 쓰던 태형 제도를 금일부터는 폐지하게 되었다.
>
> −○○일보(1920)−

① 만주 사변이 일어났다.

② 3 · 1 운동이 전개되었다.

③ 치안 유지법이 제정되었다.

④ 중 · 일 전쟁이 발발하였다.

16 다음 법률이 제정된 시기를 연표에서 옳게 고른 것은?

> 제1조 일본 정부와 통모하여 한 · 일 합병에 적극 협력한 자, 한국의 주권을 침해하는 조약 또는 문서에 조인한 자와 모의한 자는 사형 또는 무기 징역에 처하고 그 재산과 유산의 전부 혹은 2분의 1 이상을 몰수한다.
>
> 제3조 일본 치하 독립운동가나 그 가족을 악의로 살상 박해한 자 또는 이를 지휘한 자는 사형, 무기 또는 5년 이상의 징역에 처하고 그 재산의 전부 혹은 일부를 몰수한다.

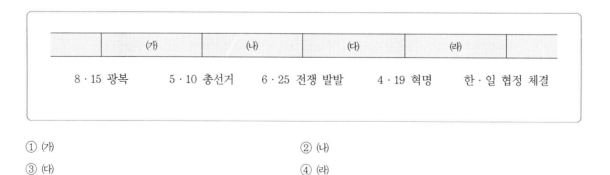

	(가)	(나)	(다)	(라)	
8 · 15 광복	5 · 10 총선거	6 · 25 전쟁 발발	4 · 19 혁명	한 · 일 협정 체결	

① (가)

② (나)

③ (다)

④ (라)

17 다음 그림을 보아 이 사건이 발생한 시기를 연표에서 옳게 고른 것은?

① (가)

② (나)

③ (다)

④ (라)

18 (가)에 들어갈 주제는?

주제 : (가)

〈주요 내용〉
- 관련 법령 공포 : 1949년 6월
- 토지 분배 방식 : 유상 매수, 유상 분배
- 1인 가구당 토지 소유 한도 : 3정보
- 의의 : 지주 중심의 토지 수유가 폐지되었고 농민들은 자기 소유의 토지를 갖게 됨

① 금융 실명제

② 농지 개혁

③ 경제 개발 5년 계획

④ 새마을 운동

19 흥선대원군의 개혁 정치와 관련된 것은?

> ㉠ 왕권 강화
> ㉡ 서원 유지
> ㉢ 양전 실시
> ㉣ 능력에 따른 인재 등용

① ㉠㉡㉢   ② ㉠㉢

③ ㉠㉣   ④ ㉠㉢㉣

20 다음 설명으로 옳은 것은?

> 일제의 경제 체제 구축 내용
> • 토지 조사 사업 … ㉠
> • 산업 침탈 … ㉡
> • 산미 증식 계획 … ㉢
> • 경제 침탈 확대 … ㉣

① ㉠ – 소작농이 증가하고 지주제의 기반이 약화되었다.

② ㉡ – 전매 제도 실시로 조선민족의 수입이 증가하였다.

③ ㉢ – 일본은 자국에서 식량 부족 문제를 해결하고자 하였다.

④ ㉣ – 회사령 철폐로 한국은 값싼 노동력을 제공하였다.

21 사진 속 건축물이 건립된 시기에 대한 설명으로 옳지 않은 것은?

① 서재필이 정부의 지원을 받아 독립신문을 창간하였다.

② 고종이 러시아에서 덕수궁으로 환궁하였다.

③ 구본신참의 원칙에 따라 점진적 개혁을 실시하였다.

④ 서양 열강의 이권 침탈이 약화되었다.

22 강화도 조약에 대한 설명으로 옳지 않은 것은?

① 조선이 프랑스와 체결하였다.

② 우리나라 최초의 근대적 조약이었다.

③ 치외법권을 인정한 불평등 조약이었다.

④ 조선이 문호를 개방하는 계기가 되었다.

23 독립 협회의 활동으로 옳지 않은 것은?

① 민중에게 국권·민권 사상을 고취시켰다.

② 독립문을 세우고 독립신문을 창간하였다.

③ 관민 공동회를 개최하여 헌의 6조를 결의하였다.

④ 개화 정책에 반대하고 전통 질서 유지를 주장하였다.

24 다음에 해당하는 사건은?

> • 원인 : 3·15 부정 선거(1960년)
> • 결과 : 허정 과도정부, 내각 책임제, 양원제 국회

① 4·19 혁명   ② 10·26 사태

③ 5·18 민주화 운동   ④ 6월 민주 항쟁

25 다음에서 설명하고 있는 남북공동성명 이후에 일어난 상황으로 옳은 것은?

> 첫째, 통일은 외세에 의존하거나 외세의 간섭을 받음이 없이 자주적으로 해결을 한다.
> 둘째, 통일은 서로 상대방을 반대하는 무력행사에 의거하지 않고 평화적으로 실현한다.
> 셋째, 사상과 이념·제도의 차이를 초월하여 우선 하나의 민족적 대단결을 도모한다.

① 남북한의 유엔 동시 가입   ② 남북이산가족고향 방문단 상호 교류

③ 금강산 관광   ④ 남북조절위원회 구성

CHAPTER 01 인지능력평가

언어논리   25문항/20분

Q 다음 문장의 문맥상 (   ) 안에 들어갈 단어로 가장 적절한 것을 고르시오. 【1~4】

1

> 그렇게 기세등등했던 영감이 병색이 짙은 (   )한 얼굴을 하고 묏등이 파헤쳐지는 것을 지켜보고 있었다.

① 명석   ② 초췌
③ 비굴   ④ 좌절
⑤ 고상

2

> 형은 오만하게 반말로 소리쳤다. 그리고는 좀 전까지 그녀가 앉아 있던 책상 앞의 의자로 가서 의젓하게 팔짱을 끼고 앉았다. 그녀는 형의 (   )적인 태도에 눌려서 꼼짝하지 않고 서 있었다.

① 강압   ② 억압
③ 위압   ④ 폭압
⑤ 중압

3

마장마술은 말을 (　　)해 규정되어 있는 각종 예술적인 동작을 선보이는 것이다. 승마 중에서도 예술성을 가장 중시하는 종목으로, 종종 발레나 피겨 스케이팅에 비유되곤 한다. 심사위원이 채점한 점수로 순위가 결정된다.

① 가련　　　　　　　　　　　　　② 미련
③ 권련　　　　　　　　　　　　　④ 조련
⑤ 시련

4

오른손이 원래 왼손보다 더 능숙했기 때문이 아니라 뇌의 좌반구가 인간의 행동을 지배하는 (　　)을/를 갖게 되었기 때문에 오른손 선호에 이르렀다는 생각이다.

① 장난　　　　　　　　　　　　　② 거름
③ 권력　　　　　　　　　　　　　④ 사력
⑤ 의문

Q 다음 밑줄 친 부분과 같은 의미로 사용된 것을 고르시오. 【5~6】

5

> 운동을 하는 근육은 계속해서 에너지를 생성하기 위해 산소를 요구한다. 혈액 도핑은 혈액의 산소 운반 능력을 증가시키기 위해 고안된 기술이다. 자기 혈액을 이용한 혈액도핑은 운동선수로부터 혈액을 <u>뽑아</u> 혈장은 선수에게 다시 주입하고 적혈구는 냉장 보관하다가 시합 1~7일 전에 주입하는 방법이다.

① 꽃밭에서 잡초를 <u>뽑고</u> 돌아오면 온 몸에서 꽃향기가 났다.
② 노름판에서 본전이라도 <u>뽑고</u> 나갔다는 사람은 보지 못했다.
③ 타이어에 바람을 조금 <u>뽑아내자</u> 시승감이 훨씬 좋아졌다.
④ 기계에서 가래떡이 시원하게 <u>뽑아져</u> 나왔다.
⑤ 진우는 팀의 주장으로 <u>뽑힌</u> 것이 내심 기분 좋은 모양이었다.

6

> 세계기상기구(WMO)에서 발표한 자료에 <u>따르면</u> 지난 100년 간 지구 온도가 뚜렷하게 상승하고 있다고 한다. 그러나 지구가 점점 더워지고 있다는 말이다. 산업혁명 이후 석탄과 석유 등의 화석 연료를 지속적으로 사용한 결과로 다량의 온실가스가 대기로 배출되었기 때문에 지구온난화현상이 심화된 것이다. 비록 작은 것일지라도 실천할 수 있는 방법들을 찾아보아야 한다. 나는 이번 여름에는 꼭 수영을 배울 것이다. 자전거를 타거나 걸어 다니는 것을 실천해야겠다. 또, 과대 포장된 물건의 구입을 지향해야겠다.

① 식순에 <u>따라</u> 다음은 애국가 제창이 있겠습니다.
② 철수는 어머니를 <u>따라</u> 시장 구경을 갔다.
③ 수학에 있어서만은 반에서 그 누구도 그를 <u>따를</u> 수 없다.
④ 우리는 선생님이 보여 주는 동작을 그대로 <u>따라서</u> 했다.
⑤ 새 사업을 시작하는 데는 많은 어려움이 <u>따르게</u> 될 것이다.

7 다음 글에서 추론할 수 없는 내용은?

> 정치 철학자로 알려진 아렌트 여사는 우리가 보통 '일'이라 부르는 활동을 '작업'과 '고역'으로 구분한다. 이 두 가지 모두 인간의 노력, 땀과 인내를 수반하는 활동이며, 어떤 결과를 목적으로 하는 활동이다. 그러나 전자가 자의적인 활동인 데 반해서 후자는 타의에 의해 강요된 활동이다. 전자의 활동을 창조적이라 한다면 후자의 활동은 기계적이다. 창조적 활동의 목적이 작품 창작에 있다면, 후자의 활동 목적은 상품 생산에만 있다.

① 고역은 인간적으로 수용될 수 없는 물리적 혹은 정신적 조건 하에서 이루어지는 일이다.
② 고역으로서의 일의 가치는 부정되어야 한다.
③ 고역으로서의 일은 정신적으로도 풍요한 생활을 위한 도구적 기능을 담당한다.
④ 일을 작업으로 볼 때 일은 찬미되고 격려될 수 있다.
⑤ 작업으로서의 일은 귀중한 가치라고 볼 수 있다.

8 다음 밑줄 친 단어들의 의미 관계가 다른 하나는?

① 이 상태로 나가다가는 현상 유지도 어려울 것 같다.
　그 어른은 이곳에서 가장 영향력이 큰 유지이다.
② 그의 팔에는 강아지가 물었던 자국이 남아 있다.
　모기가 옷을 뚫고 팔을 마구 물어 대었다.
③ 그 퀴즈 대회에서는 한 가지 상품만 고를 수 있다.
　울퉁불퉁한 곳을 흙으로 메워 판판하게 골라 놓았다.
④ 고려도 그 말년에 원군을 불러들여 삼별초 수만과 그들이 근거한 여러 도서의 수십만 양민을 도륙하게 하였다.
　많은 도서 가운데 양서를 골라내는 것은 그리 쉬운 일이 아니다.
⑤ 우리는 발해 유적 조사를 위해 중국 만주와 러시아 연해주 지역에 걸쳐 광범위한 답사를 펼쳤다.
　재학생 대표의 송사에 이어 졸업생 대표의 답사가 있겠습니다.

9 다음 중 (   ) 안에 공통으로 들어갈 단어는?

> • 우리의 문화에는 유교 문화가 깊이 (   )해 있다.
> • 오랜 기간 비가 와서 건물 내벽이 (   )으로 얼룩이 졌다.

① 침윤   ② 침전
③ 침식   ④ 침강
⑤ 침하

10 다음에 제시된 문장의 밑줄 친 부분의 의미가 나머지와 가장 다른 것은?

① 신태성은 쓴 것을 접어서 봉투를 훅 불어 그 속에 넣는다.
② 뜨거운 차를 불어 식히다.
③ 촛불을 입으로 불어서 끄다.
④ 유리창에 입김을 불다.
⑤ 사무실에 영어 회화 바람이 불다.

11

ⓐ 그런데 문제는 정도에 지나친 생활을 하는 사람을 보면 이를 무시하거나 핀잔을 주어야 할 텐데, 오히려 없는 사람들까지도 있는 척하면서 그들을 부러워하고 모방하려고 애쓴다는 사실이다. 이러한 행동은 '모방 본능' 때문에 나타난다. 모방 본능은 필연적으로 '모방 소비'를 부추긴다.

ⓑ 과시 소비란 자신이 경제적 또는 사회적으로 남보다 앞선다는 것을 여러 사람들 앞에서 보여 주려는 본능적 욕구에서 나오는 소비를 말한다.

ⓒ 모방소비란 내게 꼭 필요하지도 않지만 남들이 하니까 나도 무작정 따라 하는 식의 소비이다. 이는 마치 남들이 시장에 가니까 나도 장바구니를 들고 덩달아 나서는 격이다. 이러한 모방 소비는 참여하는 사람들의 수가 대단히 많다는 점에서 과시 소비 못지않게 큰 경제 악이 된다.

ⓓ 요사이 우리 주변에는 남의 시선은 전혀 의식하지 않은 채 나만 좋으면 된다는 식의 소비 행태가 날로 늘어나고 있다. 이를 가리켜 흔히 우리는 '과소비'라는 말을 많이 사용하는데, 경제학에서는 과소비와 비슷한 말로 '과시 소비'라는 용어를 사용한다.

① ⓑⓓⓐⓒ
② ⓑⓓⓒⓐ
③ ⓓⓑⓒⓐ
④ ⓓⓑⓐⓒ
⑤ ⓓⓒⓐⓑ

12

ⓐ 반면에 근육섬유가 수축함에도 불구하고 전체근육의 길이가 변하지 않는 수축을 '등척수축'이라고 한다.

ⓑ 근육에 부하가 걸릴 때, 이 부하를 견디기 위해 탄력섬유가 늘어나기 때문에 근육섬유는 수축하지만 전체 근육의 길이는 변하지 않는 등척수축이 일어날 수 있다.

ⓒ 등척수축은 골격근의 주변 조직과 근육섬유 내에 있는 탄력섬유의 작용에 의해 일어난다.

ⓓ 근육 수축의 종류 중 근육섬유가 수축함에 따라 전체근육의 길이가 변화하는 것을 '등장수축'이라 한다.

ⓔ 예를 들어 아령을 손에 들고 팔꿈치의 각도를 일정하게 유지하고 있는 상태에서 위팔의 이두근 근육섬유는 끊임없이 수축하고 있지만, 이 근육에서 만드는 장력이 근육에 걸린 부하량 즉 아령의 무게와 같아 전체근육의 길이가 변하지 않기 때문에 등척수축을 하는 것이다.

① ⓒⓐⓔⓓⓑ
② ⓒⓔⓐⓓⓑ
③ ⓓⓐⓔⓒⓑ
④ ⓓⓒⓐⓔⓑ
⑤ ⓓⓒⓔⓑⓐ

13 다음 내용에서 주장하고 있는 것은?

> 언어와 사고의 관계를 연구한 사피어(Sapir)에 의하면 우리는 객관적인 세계에 살고 있는 것이 아니다. 우리는 언어를 매개로 하여 살고 있으며, 언어가 노출시키고 분절시켜 놓은 세계를 보고 듣고 경험한다. 워프(Whorf) 역시 사피어와 같은 관점에서 언어가 우리의 행동과 사고의 양식을 주조(鑄造)한다고 주장한다. 예를 들어 어떤 언어에 색깔을 나타내는 용어가 다섯 가지밖에 없다면, 그 언어를 사용하는 사람들은 수많은 색깔을 결국 다섯 가지 색 중의 하나로 인식하게 된다는 것이다.

① 언어와 사고는 서로 관련이 없다.
② 언어가 우리의 사고를 결정한다.
③ 인간의 사고는 보편적이며 언어도 그러한 속성을 띤다.
④ 사용언어의 속성이 인간의 사고에 영향을 줄 수는 없다.
⑤ 언어는 분절성을 갖는다.

14 아래의 (   )에 들어갈 이음말을 바르게 배열한 것은?

> 한국인의 행동을 규정지었던 『소학』이나 『내훈』에서는 방에 들기 전에 반드시 건기침을 하라 했고, 문밖에 신 두 켤레가 있는데 말소리가 없으면 들어가서는 안 된다고 가르쳤다. 본래 정착 농경민이었던 한국인은 기침으로 백 마디 말을 할 줄 안다. 농경사회에서는 작업을 수행하는 구성원 간에 별다른 말이 없어도 안정적인 생활을 영위할 수 있었다. (   ) 정착보다는 이동이, 안정보다는 전쟁이 많았던 유럽에서는 그러한 생활환경 때문에 정확한 의사 교환이 중시되었다. 이처럼 변화가 심하고 위급한 상황이 잦은 사회에서는 통찰에 의한 의사소통이 발달하기 어려웠다. 근대화 과정에서 우리 사회가 서구화되면서 서구식의 정확한 의사소통이 점점 더 요구되고 있다. 전통 사회에서 널리 통용되던 통찰의 언어는 때때로 실수나 오해를 빚기도 한다. 그러나 통찰의 언어는 상호 간의 조화를 이루는 데에 매우 효과적인 의사소통 수단이다. 상대를 배려하는 마음으로 말하고 행동함으로써 친밀한 인간관계를 형성할 수 있게 하기 때문이다. (   ) 우리는 일상의 언어생활에서 통찰에 의한 의사소통 문화를 살려 나갈 필요가 있다.

① 그러나 – 하지만
② 그러나 – 한편
③ 그리고 – 그런데
④ 그런데 – 또한
⑤ 반면에 – 그러므로

15 다음 글의 주제를 바르게 기술한 것은?

> 혈연의 정, 부부의 정, 이웃 또는 친지의 정을 따라서 서로 사랑하고 도와가며 살아가는 지혜가 곧 전통 윤리의 기본이다. 정에 바탕을 둔 윤리인 까닭에 우리나라의 전통 윤리에는 자기중심적인 일면이 있다. 정이라는 것은 자기와의 관계가 가까운 사람에 대해서는 강하게 일어나고 먼 사람에 대해서는 약하게 일어나는 것이 보통이므로, 정에 바탕을 둔 윤리가 명령하는 행위는 상대가 누구냐에 따라서 달라질 수 있다. 예컨대, 남의 아버지보다는 내 아버지를 더 위하고 남의 아들보다는 내 아들을 더 아끼는 것이 정에 바탕을 둔 윤리에 부합하는 태도이다.

① 남의 아버지보다 내 아버지를 더 위해야 한다.
② 우리나라의 전통윤리는 정(情)에 바탕을 둔 윤리이다.
③ 우리나라의 전통 윤리는 자기중심적인 면이 강하다.
④ 공과 사를 철저히 구분하는 것이 전통윤리에 부합하는 행동이다.
⑤ 정을 중시하는 문화를 가진 사람들은 마음이 따뜻하다.

16 다음 제시된 글에서 작가가 표현하려고 하는 것을 가장 잘 의미하는 한자성어는?

> 요즘 아이들은 배우지 않는 과목이 없다. 모르는 것이 없이 묻기만 하면 척척 대답한다. 중학교나 고등학교의 숙제를 보면 몇 년 전까지만 해도 상상도 할 수 없던 내용들을 다룬다. 어떤 어려운 주제를 내밀어도 아이들은 인터넷을 뒤져서 용하게 찾아낸다. 그런데 그 똑똑한 아이들이 정작 스스로 판단하고 제 힘으로 할 줄 아는 것이 하나도 없다. 시켜야 하고, 해 줘야 한다. 판단 능력은 없이 그저 많은 정보가 내장된 컴퓨터와 같다. 그 많은 독서와 정보들은 다만 시험 문제 푸는 데만 유용할 뿐 삶의 문제로 내려오면 전혀 무용지물이 되고 만다.

① 박학다식(博學多識)   ② 박람강기(博覽强記)
③ 대기만성(大器晚成)   ④ 팔방미인(八方美人)
⑤ 생이지지(生而知之)

17 다음 글에 대한 설명으로 적절한 것은?

> 춘향이 이 말을 듣더니 고대 발연변색이 되며 요구절목에 붉으락 푸르락 눈을 간잔지런하게 뜨고 눈썹이 꼿꼿하여지면서 코가 발심발심하며 이를 뽀드득 뽀드득 갈며 온몸을 쑤신 입 특 듯하며 매 꿩 차는 듯하고 앉더니
> "허허 이게 웬 말이오."
> 왈칵 뛰어 달려들며 치맛자락도 와드득 좌르륵 찢어 버리며 머리도 와드득 쥐어뜯어 싹싹 비벼 도련님 앞에다 던지면서
> "무엇이 어쩌고 어째요. 이것도 쓸 데 없다."
> 명경(明鏡) 체경 산호죽절을 두루 쳐 방문 밖에 탕탕 부딪치며 발도 동동 굴러 손뼉치고 돌아앉아 자탄가(自歎歌)로 우는 말이
> "서방 없는 춘향이가 세간 무엇하며 단장하여 뉘 눈에 괴일꼬. 몹쓸 년의 팔자로다."

① 인물의 행동 묘사를 통해 성격이 드러나고 있다.
② 인물의 차림새로 상황을 말하고 있다.
③ 인물의 생활 방식을 들어서 그의 성격을 보여주고 있다.
④ 인물의 생김새를 묘사하여 그의 성격을 짐작할 수 있다.
⑤ 인물이 가진 살림살이를 나열하여 그가 처한 상황을 밝히고 있다.

18 다음 중 밑줄 친 단어를 대체할 수 있는 단어로 가장 알맞은 것은?

> 오늘날 세계 거의 모든 나라의 사람들은 '빅맥'을 먹는다. 이는 세계화의 확산을 단적으로 나타내는 현상이다. 오늘날 세계화 시대의 양상은 두 가지로 <u>표현될 수 있다.</u> 그 하나는 "모든 나라의 사람들은 빅맥을 먹는다."는 것이고, 다른 하나는 "그렇다 하더라도 일부는 '김치'를 또한 먹고 있다."는 것이다.
>
> 세계화 시대의 지구촌을 '빅맥 국가'와 '비(非) 빅맥 국가' 간의 대립 구조로 규정하려는 경향이 있다. 그러나 이것은 매우 편협한 생각이다. 중동지역의 한 국가는 빅맥 척도에 의하면 세계화가 상당히 진행되었다. 그런데 이 나라에는 반세계화 투쟁을 재정적·이념적으로 지지해 온 세력이 존재한다. 이런 양면성은 그 나라의 '김치'를 알아야만 제대로 이해할 수 있는 사안이다.
>
> 오늘날 하나로 통합되어 있는 것처럼 보이는 세계시장에서도 완벽한 시장 원리의 작동은 보장되지 않는다. 한국과 같이 정치적·경제적으로 발전하고 세계화에 앞선 국가에서도 때로는 세계화가 민족 감정을 자극하여 정치적 반발을 불러일으키기도 한다. 이는 세계화에서 '김치'의 중요성을 증명해 주는 것이다. 예를 들어, 1990년대 후반에 있었던 마이크로소프트사의 한글과컴퓨터사에 대한 투자 계획은 한국인의 국민적 반대에 의해 좌절되었다. 한국의 자본시장은 일반적인 시장 원리가 적용되는 하나의 시장이지만 한국 사람들이 지키고자 했던 정체성은 이런 원리를 무력화시켰던 것이다.
>
> 한 국가의 세계화 과정을 '빅맥을 먹는다.'라는 것으로 표현할 수 있으나 세계화 과정에서도 중요한 것은 "김치를 알아야 한다."는 것이다. 다시 말해 세계화가 진행되고 있는 환경 속에서도 특정 국가 혹은 지역 상황이 국제사회에 미치는 영향력이 점점 커지고 있는 현상을 직시하고 예측할 수 있어야 한다.

① 반대될 수 있다.
② 찬성될 수 있다.
③ 결집시킬 수 있다.
④ 변화될 수 있다.
⑤ 나타낼 수 있다.

19 다음 글의 주제로 가장 적절한 것은?

> 사자가 새끼 한 마리를 낳았다. 새끼 사자를 본 생쥐는 제 굴에 달려가 "좋은 소식이에요, 좋은 소식. 사자가 우리의 원수인 고양이를 잡아 왔어요! 이제 우리는 마음 놓고 아무데나 다 다닐 수 있게 되었고, 쌀 뒤주 안에서 잠을 자도 상관없게 되었어요!"하고 어미 쥐에게 신나게 말했다.
>
> 어미 쥐는 쳐다보지도 않고 천천히 말했다. "멍청이 같은 녀석아, 너무 일찍 좋아하지 마라! 사자와 고양이가 싸우면 누가 이길지 어떻게 알겠어? 세상에 고양이만큼 사나운 짐승이 또 어디에 있다더냐!"

① 식견이 적으면 잘못된 판단을 할 수 있다.

② 이견이 없어야 객관적인 판단을 할 수 있다.

③ 논박은 판단 착오를 방지하는 필수 전제이다.

④ 갑론을박을 벌이면 판단의 오류를 초래할 수 있다.

⑤ 사자는 고양이보다 강하다.

20 밑줄 친 부분의 근거로 제시하기에 적절하지 않은 것은?

> 개들은 다양한 몸짓으로 자신의 뜻을 나타낸다. 주인과 장난을 칠 때는 눈맞춤을 하면서 귀를 세운다. 꼬리를 두 다리 사이에 집어넣고 시선을 피하면서 몸을 낮출 때는 항복했다는 신호이다. 매를 맞아 죽는 개들은 슬픈 비명을 지른다. 요컨대, 개들도 사람처럼 감정을 느끼는 능력을 가지고 있는 것 같다. 그렇다면 동물들도 과연 사람과 같은 감정을 지니고 있을까? 사람이 정서를 느끼는 유일한 동물이라고 생각하는 생물학자들은 동물이 감정을 가지고 있다는 주장을 동의하기를 주저했다. 그러나 최근에 와서 그들의 입장에 변화가 일어나고 있다. 동물 행동학과 신경 생물학 연구에서 동물도 사람처럼 감정을 느낄 수 있다는 증가가 속출하고 있기 때문이다.
>
> 동물의 감정은 1차 감정과 2차 감정으로 나뉜다. 1차 감정이 본능적인 것이라면 2차 감정은 다소간 의식적인 정보 처리가 요구되는 것이다. 대표적인 1차 감정은 공포감이다. 공포감은 생존 기회를 증대시키므로 모든 동물이 타고난다. 예컨대 거위는 포식자에게 한 번도 노출된 적이 없는 새끼일지라도 머리 위로 독수리를 닮은 모양새만 지나가도 질겁하고 도망친다. 한편 2차 감정은 기쁨, 슬픔, 사랑처럼 일종의 의식적인 사고가 개입되는 감정이다. 동물이 사람처럼 감정을 가지고 있는지에 대해 논란이 되는 대상이 바로 2차 감정이다. 그러므로 동물도 감정을 가지고 있다고 할 때의 감정은 2차 감정을 의미한다.

① 새끼 거위가 독수리를 닮은 모양새를 보고 도망치는 행동
② 어린 돌고래 새끼가 물 위에 몸을 띄우고 놀이를 하는 행동
③ 교미하려는 암쥐의 뇌에서 도파민이라는 물질이 분비되는 현상
④ 수컷 침팬지가 어미가 죽은 뒤 단식을 하다가 굶어 죽은 행동
⑤ 코끼리가 새끼나 가족이 죽으면 시체 곁을 떠나지 않고 지키는 행동

21 다음 글은 '신화란 무엇인가'를 밝히는 글의 마지막 부분이다. 이 글로 미루어 보아 본론에서 언급한 내용이 아닌 것은?

> 지금까지 보았던 것처럼, 신화의 소성(素性)인 기원, 설명, 믿음이 모두 신화의 존재양식인 이야기의 통제를 받고 있음은 주지의 사실이다. 그러나 또한 신화가 단순히 이야기만은 아님도 알았다. 역으로 기원, 설명, 믿음이라는 종차가 이야기를 한정하고 있다. 이들은 상호 규정적이다. 그런 의미에서 신화는 역사, 학문, 종교, 예술과 모두 관련되지만, 그 중 어떤 하나도 아니며, 또 어떤 하나가 아니다. 예를 들어 '신화는 역사다.'라는 말이 하나의 전체일 수는 없다. 나머지인 학문, 종교, 예술이 배제되고서는 더 이상 신화가 아니기 때문이다. 이들의 복잡한 총체가 신화며, 또한 신화는 미분화된 상태로서 그것들을 한 몸에 안는다. 이들 네 가지 소성(素性) 중 그 어떤 하나라도 부족하면 더 이상 신화는 아니다. 따라서 신화는 단지 신화일 뿐이지, 그것이 역사나 학문이나 종교나 예술자체일 수는 없는 것이다.

① 신화는 종교적 상관물이다.
② 신화는 신화로서의 특수성이 있다.
③ 신화는 하나의 이야기라는 점에서 예술적인 문화작품이다.
④ 신화는 기원을 문제 삼는다는 점에서 역사와 관련이 있다.
⑤ 신화가 과학 시대 이전에는 학문이었지만 지금은 학문이 아니다.

나의 그림에 대해서는 더 이야기하고 싶지 않다. 그것은 견딜 수 없이 괴로운 일이다. 그리고 나는 내가 그것에 대해서 생각하고 ㉠화필과 물감을 통해서 의미를 부여하고자 하는 것의 십분의 일도 설명할 수가 없을 것이다. 다만 나는 ㉡인간의 근원에 대해 좀 더 생각을 깊이 하지 않으면 안 된다는 느낌이 깊었던 점만은 지금도 고백할 수가 있을 것이다. 하여 에덴으로부터 그 이후로는 아벨이라든지 카인 또 그 인간들이 지니고 의미하는 속성들을 논거 없이 생각해 보곤 하였다. 그러나 어느 것도 전부 긍정할 수는 없었다.

㉢단세포 동물처럼 아무 사고도 찾아볼 수 없는 에덴의 두 인간과 창세기적 아벨의 선 개념, 또 신으로부터 영원한 악으로 단죄 받은 카인의 질투 그것도 참으로 ㉣인간의 향상의지로서 신을 두렵게 했는지도 모른다. 그 이후로 나타난 수많은 분화, 선과 악의 무한전한 배합비율… 그러나 감격으로 나의 화필이 떨리게 하는 얼굴은 없었다. 실상 나는 그 많은 얼굴들 사이를 방황하고 있었는지도 모를 일이었다. 하지만 안타까운 것은 혜인 이후 나는 벌써 어떤 얼굴을 강하게 예감하고 있다는 것이었다. 아직은 내가 그것과 만날 수가 없었을 뿐이었다.

둥그스름한, 그러나 튀어나갈 듯이 긴장한 선으로 얼굴의 ㉤외곽선을 떠놓고 나는 며칠 동안 고심만 했다.

22　다음 중 작중 화자 '나'의 고민과 어울리는 사상은?

① 실존주의　　　　　　　　　　② 고전주의

③ 허무주의　　　　　　　　　　④ 쾌락주의

⑤ 탐미주의

23　다음 밑줄 친 ㉠~㉤ 중 화자의 심리상태를 상징적으로 나타내는 것은?

① ㉠　　　　　　　　　　　　　② ㉡

③ ㉢　　　　　　　　　　　　　④ ㉣

⑤ ㉤

24 다음의 ⑦~② 을 시간 순으로 배열한 것은?

> 누군지는 몰라도 현관문 밖의 도시 가스 연결 파이프에 쇠줄로 ⑦붙들어 매놓은 자전거의 자물쇠를 풀고 ⑥몰고 다닌 다음 내가 퇴근해 ⑥돌아오기 전에 얌전히 제자리에 ②갖다 놓곤 하는 양이었다. 신문사 일이라는 게 저녁 늦게 끝나기가 일쑤인데다 퇴근 후 술자리를 워낙 좋아하는 나로서는 낮에 무슨 일이 일어나는지 알 도리가 없었다.

① ⑥⑥⑦②
② ⑥⑦⑥②
③ ②⑦⑥⑥
④ ⑦⑥②⑥
⑤ ⑦②⑥⑥

25 다음 글을 읽고 이를 통해 알 수 있는 글쓴이의 영화에 대한 관점으로 옳은 것은?

> 미국 영화가 전통적으로 당대의 시대정신과 문화를 반영하고 있다는 사실은 이미 잘 알려져 있지만, 그 중
> 에서도 1990년대 개봉되어 대성공을 거둔 '나 홀로 집에(Home Alone)'와 '후크(Hook)'는 오늘날 미국 사회
> 의 문제점을 잘 드러내 주고 있다.
> 맥컬리 컬킨이라는 아역 배우를 일약 유명하게 만들어 준 '나 홀로 집에'는 케빈 맥콜리스터라는 여덟 살
> 난 소년이 우연히 홀로 집에 남겨져 겪게 되는 고독과 모험을 그린 영화다. 그의 가족들은 깜박 그의 존
> 재를 잊어버리고 유럽으로 크리스마스 휴가 여행을 떠난다. 텅 빈 집에 혼자 남겨진 그는 처음에는 자유
> 를 즐기지만 결국에는 고독을 느끼게 되고, 이윽고 침입해 들어오는 도둑들과 대면해서 그들을 퇴치해
> 집을 지킨다. 그런 후에 가족들이 다시 돌아오며 영화는 끝난다.
> 이 단순한 구성의 코미디 영화가 미국에서 1990년도 흥행 1위와 영화사상 흥행 3위를 차지한 이유의 이
> 면에는, 그것은 현대 미국인들의 불안 심리에 호소하는 바가 컸기 때문이다. 왜냐 하면 오늘날 미국 가정
> 주부들의 대부분이 직장을 갖고 있으며, 그 결과 아이들은 '나 홀로 집에' 버려져 있는 경우가 허다하기
> 때문이다.
> 미국의 아이들은 처음에는, 물론 그러한 자유를 즐기고 좋아한다. 그러나 오래지 않아 그들은 고독을 느
> 끼게 되고, 이윽고, 가정을 파괴하는 위협적인 요소들과 대면하게 된다. 영화 속의 케빈은 다행히도 그
> 사악한 요소들과 대면해 싸워서 그 위험을 이겨 내지만, 많은 아이들은 불행히도 악의 힘에 밀려서 차츰
> 가정으로부터 멀어져 간다. 그러므로 '나 홀로 집에'는 사실 모든 미국 어린이들의 현실이자, 모든 미국
> 주부들의 악몽이라고 할 수 있다.

① 영화는 인간이 가 볼 수 없는 환상의 세계를 보여 줌으로써, 꿈을 가질 수 있게 하는 장점을 가지고 있다.

② 현대 사회에서 영화는 대중들의 욕구를 대변하는 최고의 매체라는 점에서 대중문화의 총아라고 할 수
있다.

③ 영화는 영화가 상영되는 그 시대의 문화의 일부를 보여 준다는 점에서 우리 현실을 비추는 거울이라고
할 수 있다.

④ 영화는 모순적인 사회 현실을 개혁하려는 이들이 자신들의 사상을 전달하는 매체라는 점에서 중요한 의
의가 있다.

⑤ 영화의 폭력적이며 선정적인 장면들이 청소년에게 무분별하게 전달되면서 결국 불건전한 생각과 가치관
을 심어주게 되므로 영화는 부정적인 문화라 할 수 있다.

1 다음은 A철도공사의 경영 현황에 대한 자료이다. 이에 대한 설명으로 옳지 않은 것은?(단, 계산 값은 소수 둘째 자리에서 반올림 한다.)

〈A철도공사 경영 현황〉

(단위 : 억 원)

		2017	2018	2019	2020	2021
경영성적 (당기순이익)		−44,672	−4,754	5,776	−2,044	−8,623
총수익		47,506	51,196	61,470	55,587	52,852
	영업수익	45,528	48,076	52,207	53,651	50,572
	기타수익	1,978	3,120	9,263	1,936	2,280
총비용		92,178	55,950	55,694	57,631	61,475
	영업비용	47,460	47,042	51,063	52,112	55,855
	기타비용	44,718	8,908	4,631	5,519	5,620

① 총수익이 가장 높은 해에 당기순수익도 가장 높다.

② 영업수익이 가장 낮은 해에 영업비용이 가장 높다.

③ 총수익 대비 영업수익이 가장 높은 해에 기타 수익이 2,000억 원을 넘지 않는다.

④ 2019년부터 총비용 대비 영업비용의 비중이 90%를 넘는다.

2 다음 자료는 2019~2021년까지의 한 편의점 판매량 상위 10개 상품에 대한 자료이다. 주어진 조건이 모두 참일 경우 옳지 않은 것은?

구분	2019년	2020년	2021년
1위	바나나우유	바나나우유	바나나우유
2위	(A)	(A)	딸기 맛 사탕
3위	딸기 맛 사탕	딸기 맛 사탕	(A)
4위	(B)	(B)	(D)
5위	맥주	맥주	(B)
6위	에너지음료	(D)	(E)
7위	(C)	(E)	(C)
8위	(D)	에너지음료	맥주
9위	캐러멜	(C)	에너지음료
10위	(E)	초콜릿	딸기우유

⊙ 캔 커피와 주먹밥은 각각 2019년과 2020년 사이에 순위변동이 없다가 모두 2021년에 순위가 하락하였다.
ⓒ 오렌지주스와 참치 맛 밥은 매년 순위가 상승하였다.
ⓒ 2020년에는 주먹밥이 오렌지주스보다 판매량이 더 많았지만 2021에는 그 반대였다.
ⓒ 생수는 캔 커피보다 매년 순위가 낮았다.

① A는 캔 커피이다.   ② B는 주먹밥이다.
③ D는 오렌지주스이다.   ④ E는 생수이다.

Q 다음은 지난 분기의 국가기술자격 등급별 시험 시행 결과이다. 물음에 답하시오. 【3~4】

〈국가기술자격 등급별 시험 시행 결과〉

구분 등급	필기			실기		
	응시자	합격자	합격률	응시자	합격자	합격률
기술사	19,327	2,056	10.6	3,173	1,919	
기능장	21,651	9,903	ⓐ	16,390	4,862	
기사	345,833	135,170	39.1	210,000	89,380	
산업기사	210,814	78,209	37.1	101,949	49,993	
기능사	916,224	423,269	46.2	752,202	380,198	
전체	1,513,849	648,607	42.8	1,083,714	526,352	

※ 합격률(%) = $\frac{합격자}{응시자} \times 100$

3 기능장 필기시험의 합격률은?

① 44.3   ② 45.7

③ 46.1   ④ 46.3

4 국가기술자격 실기시험 중 합격률이 가장 낮은 등급은 무엇인가?

① 기술사   ② 기능장

③ 기사   ④ 산업기사

5 다음 표로부터 알 수 없는 것은?

구분	영업거리 (km)	정거장수 (역)	표정속도 (km/h)	최고속도 (km/h)	편성 (량)	정원 (인)	운행간격 (분/초)	수송력 (인/h)	총건설비 (억 원)
T레일	16.9	9	43.5	80	6	584	4분00초	8,760	2,110
K레일	8.4	12	28	35	4	478	6분00초	4,780	6,810
O레일	13.3	12	35	75	4	494	6분42초	3,952	11,530
D레일	16.2	12	27	60	4	420	6분00초	4,200	17,750

※ 표정속도=구간거리(km) / 정차시간을 포함한 구간 소요시간(h)

※ 편성 : 레일 하나를 이루는 객차량의 대수

① 영업거리를 운행하는 데 걸리는 시간　　② 차량 1대당 승차인원

③ 적정운임의 산정　　④ 평균 역간거리

6 표준 업무시간이 80시간인 업무를 각 부서에 할당해 본 결과, 다음과 같은 표를 얻었다. 어느 부서의 업무효율이 가장 높은가?

부서명	투입인원(명)	개인별 업무시간(시간)	회의	
			횟수(회)	소요시간(시간/회)
A	2	41	3	1
B	3	30	2	2
C	4	22	1	4
D	3	27	2	1

※ 1) 업무효율= $\dfrac{표준\ 업무시간}{총\ 투입시간}$

2) 총 투입시간은 개인별 투입시간의 합이다.

　　개인별 투입시간=개인별 업무시간+회의 소요시간

3) 부서원은 업무를 분담하여 동시에 수행할 수 있다.

4) 투입된 인원의 업무능력과 인원당 소요시간이 동일하다고 가정한다.

① A　　② B

③ C　　④ D

7 아래 표는 고구려대, 백제대, 신라대의 북부, 중부, 남부지역 학생 수이다. 표의 (나)대와 3지역을 올바르게 짝지은 것은?

구분	1지역	2지역	3지역	합계
(가)대	10	12	8	30
(나)대	20	5	12	37
(다)대	11	8	10	29

> ㉠ 백제대는 어느 한 지역의 학생 수도 나머지 지역 학생 수 합보다 크지 않다.
> ㉡ 중부지역 학생은 세 대학 중 백제대에 가장 많다.
> ㉢ 고구려대의 학생 중 남부지역 학생이 가장 많다.
> ㉣ 신라대 학생 중 북부지역 학생 비율은 백제대 학생 중 남부지역 학생 비율보다 높다.

① 고구려대 – 북부지역   ② 고구려대 – 남부지역
③ 신라대 – 북부지역   ④ 신라대 – 남부지역

8 다음 그림은 어느 학급 학생 20명의 영어성적과 수학성적의 상관도이다. 수학성적이 영어성적보다 높은 학생은 몇 명인가?

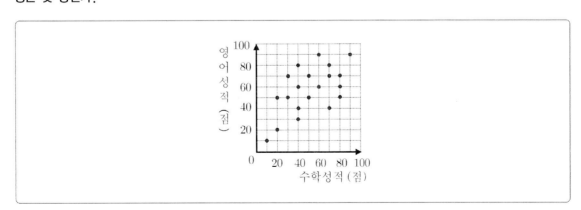

① 4명   ② 5명
③ 6명   ④ 7명

9 어떤 스포츠 용품 회사가 줄의 소재, 프레임의 넓이, 손잡이의 길이, 프레임의 재질 등 4개의 변인이 테니스 채의 성능에 미치는 영향에 관하여 실험하였다. 다음은 최종 실험 결과를 나타낸 것이다. 해석한 것으로 옳은 것은?

성능	변인			
	줄의 소재	프레임의 넓이	손잡이의 길이	프레임의 재질
좋음	천연	넓다	길다	보론
나쁨	천연	좁다	길다	탄소섬유
나쁨	천연	넓다	길다	탄소섬유
나쁨	천연	좁다	길다	보론
좋음	천연	넓다	짧다	보론
나쁨	천연	좁다	짧다	탄소섬유
나쁨	천연	넓다	짧다	탄소섬유
나쁨	천연	좁다	짧다	보론
좋음	합성	넓다	길다	보론
나쁨	합성	좁다	길다	탄소섬유
나쁨	합성	넓다	길다	탄소섬유
나쁨	합성	좁다	길다	보론
좋음	합성	넓다	짧다	보론
나쁨	합성	좁다	짧다	탄소섬유
나쁨	합성	넓다	짧다	탄소섬유
나쁨	합성	좁다	짧다	보론

① 손잡이의 길이가 단독으로 성능에 영향을 준다.
② 프레임의 넓이가 단독으로 성능에 영향을 준다.
③ 손잡이의 길이와 프레임의 재질이 함께 성능에 영향을 준다.
④ 프레임의 넓이와 프레임의 재질이 함께 성능에 영향을 준다.

Q 다음은 N국의 연도별 교육수준별 범죄자의 현황을 나타낸 자료이다. 물음에 답하시오. 【10~11】

(단위 : %, 명)

연도 \ 구분	교육수준별 범죄자 비율					범죄자 수
	무학	초등학교	중학교	고등학교	대학 이상	
1970	12.4	44.3	18.7	18.2	6.4	252,229
1975	8.5	41.5	22.4	21.1	6.5	355,416
1980	5.2	39.5	24.4	24.8	6.1	491,699
1985	4.2	27.6	24.4	34.3	9.5	462,199
1990	3.0	18.9	23.8	42.5	11.8	472,129
1995	1.7	11.4	16.9	38.4	31.6	796,726
2000	1.7	11.0	16.3	41.5	29.5	1,036,280

10 주어진 자료를 올바르게 해석한 것은 어느 것인가?

① 중학교 졸업자와 고등학교 졸업자인 범죄자 수는 매 시기 전체 범죄자 수의 절반에 미치지 못하고 있다.

② 1970~1980년 기간 동안 초등학교 졸업자인 범죄자의 수는 계속 감소하였다.

③ 1990년과 1995년의 대학 이상 졸업자인 범죄자의 수는 약 3배가 조금 못 되게 증가하였다.

④ 매 시기 가장 많은 비중을 차지하는 범죄자들의 학력은 최소한 유지되거나 높아지고 있다.

11 1980년 중학교 범죄자 수와 1990년 중학교 범죄자 수의 합을 구하시오.(단, 모든 계산은 소수점 첫째자리에서 반올림한다)

① 232,589 명

③ 232,643 명

② 232,614 명

④ 232,752 명

Q 〈표 1〉은 대재이상 학력자의 3개월간 일반도서 구입량에 대한 표이고 〈표 2〉는 20대 이하 인구의 3개월간 일반도서 구입량에 대한 표이다. 물음에 답하시오. 【12~14】

〈표 1〉 대재이상 학력자의 3개월간 일반도서 구입량

구분	2016년	2017년	2018년	2019년
사례 수	255	255	244	244
없음	41%	48%	44%	45%
1권	16%	10%	17%	18%
2권	12%	14%	13%	16%
3권	10%	6%	10%	8%
4~6권	13%	13%	13%	8%
7권 이상	8%	8%	3%	5%

〈표 2〉 20대 이하 인구의 3개월간 일반도서 구입량

구분	2016년	2017년	2018년	2019년
사례 수	491	545	494	481
없음	31%	43%	39%	46%
1권	15%	10%	19%	16%
2권	13%	16%	15%	17%
3권	14%	10%	10%	7%
4~6권	17%	12%	13%	9%
7권 이상	10%	8%	4%	5%

12 2017년 20대 이하 인구의 3개월간 일반도서 구입량이 1권 이하인 사례는 몇 건인가? (소수 첫째 자리에서 반올림하시오)

① 268건

② 278건

③ 289건

④ 290건

13 2018년 대재이상 학력자의 3개월간 일반도서 구입량이 7권 이상인 경우의 사례는 몇 건인가? (소수 첫째자리에서 반올림하시오)

① 7건

② 8건

③ 9건

④ 10건

14 위 표에 대한 설명으로 옳지 않은 것은?

① 20대 이하 인구가 3개월간 1권 정도 구입한 일반도서량은 해마다 증가하고 있다.

② 20대 이하 인구가 3개월간 일반도서 7권 이상 읽은 비중이 가장 낮다.

③ 20대 이하 인구가 3권 이상 6권 이하로 일반도서 구입하는 량은 해마다 감소하고 있다.

④ 대재이상 학력자가 3개월간 일반도서 1권 구입하는 것보다 한 번도 구입한 적이 없는 경우가 더 많다.

Ⓠ 다음은 어느 음식점의 종류별 판매비율을 나타낸 것이다. 물음에 답하시오. 【15~16】

(단위 : %)

종류	2018년	2019년	2020년	2021년
A	17.0	26.5	31.5	36.0
B	24.0	28.0	27.0	29.5
C	38.5	30.5	23.5	15.5
D	14.0	7.0	12.0	11.5
E	6.5	8.0	6.0	7.5

15 2021년 총 판매개수가 1,500개라면 A의 판매개수는 몇 개인가?

① 500개   ② 512개
③ 535개   ④ 540개

16 다음 중 옳지 않은 것은?

① A의 판매비율은 꾸준히 증가하고 있다.
② C의 판매비율은 4년 동안 50%p 이상 감소하였다.
③ 2018년과 비교할 때 E 메뉴의 2021년 판매비율은 3%p 증가하였다.
④ 2018년 C의 판매비율이 2021년 A의 판매비율보다 높다.

17 다음은 여러 나라의 경제 성장률은 나타낸 표이다. 이 표를 보고 각 국의 경제상황을 설명한 내용으로 옳은 것은?

(단위 : %)

구분	2019년	2020년	2021년
A국	2.3	1.9	-0.7
B국	3.3	2.4	1.1
C국	11.1	11.9	9.8

① A국은 2021년 경제 규모가 전년에 비해 줄어들었다.
② B국은 2019년부터 지속적으로 경제 규모가 줄어들었다.
③ C국 국민의 평균적인 생활수준이 가장 높다.
④ 2019년에는 A국이 B국보다 경제 성장의 속도가 빠르다.

18 다음 표에서 a~d의 값을 모두 더한 값은?

	2019년		2020년	전월대비		전년동월대비	
	1월	12월	1월	증감액	증감률(차)	증감액	증감률(차)
총거래액(A)	107,230	126,826	123,906	a	-2.3	b	15.6
모바일 거래액(B)	68,129	83,307	82,730	c	-0.7	d	21.4
비중(B/A)	63.5	65.7	66.8	-	1.1	-	3.3

① 27,780
② 28,542
③ 28,934
④ 33,620

19 다음은 '갑'지역의 친환경농산물 인증심사에 대한 자료이다. 2021년부터 인증심사원 1인당 연간 심사할 수 있는 농가수가 상근직은 400호, 비상근직은 250호를 넘지 못하도록 규정이 바뀐다고 할 때, 조건을 근거로 예측한 내용 중 옳지 않은 것은?

(단위 : 호, 명)

인증기관	심사 농가수	승인 농가수	인증심사원		
			상근	비상근	합
A	2,540	542	4	2	6
B	2,120	704	2	3	5
C	1,570	370	4	3	7
D	1,878	840	1	2	3
계	8,108	2,456	11	10	21

※ 인증심사원은 인증기관 간 이동이 불가능하고 추가고용을 제외한 인원변동은 없음.
※ 각 인증기관은 추가 고용 시 최소인원만 고용함.

조건
- 인증기관의 수입은 인증수수료가 전부이고, 비용은 인증심사원의 인건비가 전부라고 가정한다.
- 인증수수료 : 승인농가 1호당 10만 원
- 인증심사원의 인건비는 상근직 연 1,800만 원, 비상근직 연 1,200만 원이다.
- 인증기관별 심사 농가수, 승인 농가수, 인증심사원 인건비, 인증수수료는 2020년과 2021년에 동일하다.

---

① 2020년에 인증기관 B의 수수료 수입은 인증심사원 인건비보다 적다.

② 2021년 인증기관 A가 추가로 고용해야 하는 인증심사원은 최소 2명이다.

③ 인증기관 D가 2021년에 추가로 고용해야 하는 인증심사원을 모두 상근으로 충당한다면 적자이다.

④ 만약 정부가 '갑'지역에 2020년 추가로 필요한 인증심사원을 모두 상근으로 고용하게 하고 추가로 고용되는 상근 심사원 1인당 보조금을 연 600만 원씩 지급한다면 보조금 액수는 연간 5,000만 원 이상이다.

20 아래는 인플루엔자 백신 접종 이후 3종류의 바이러스에 대한 연령별 항체가 1:40 이상인 피험자 비율의 시간에 따른 변화를 나타낸 것이다. 여기에서 추론 가능한 것은?

(단위 : %)

구분		6개월-2세	3-8세	9-18세
H1N1	접종 전	4.88	61.97	63.79
	접종 후 1개월	85.37	88.73	98.28
	접종 후 6개월	58.97	90.14	92.59
	접종 후 12개월	29.63	84	95.74
H3N2	접종 전	12.20	52.11	48.28
	접종 후 1개월	73.17	90.14	94.83
	접종 후 6개월	41.03	87.32	79.63
	접종 후 12개월	44.44	76	63.83
B	접종 전	17.07	47.89	81.03
	접종 후 1개월	68.29	94.37	93.10
	접종 후 6개월	28.21	74.65	90.74
	접종 후 12개월	14.81	50	80.85

① 현존하는 백신의 종류는 모두 3가지이다.
② 청소년은 백신접종의 필요성이 낮다.
③ B형 바이러스에 대한 항체가 가장 잘 형성된다.
④ 3세 미만의 소아가 백신 면역 지속력이 가장 낮다.

Q 다음 도형을 펼쳤을 때 나타날 수 있는 전개도를 고르시오. 【1~5】

※ 주의사항

- 입체도형을 전개하여 전개도를 만들 때, 전개도에 표시된 그림(예 : 〓, ◩ 등)은 회전의 효과를 반영함. 즉, 본 문제의 풀이과정에서 보기의 전개도 상에 표시된 "〓"와 "〓"은 서로 다른 것으로 취급함.
- 단, 기호 및 문자(예 : ☎, ♨, ♨, K, H)의 회전에 의한 효과는 본 문제의 풀이과정에 반영하지 않음. 즉, 입체도형을 펼쳐 전개도를 만들었을 때에 "☏"의 방향으로 나타나는 기호 및 문자도 보기에서는 "☎"방향으로 표시하며 동일한 것으로 취급함.

1

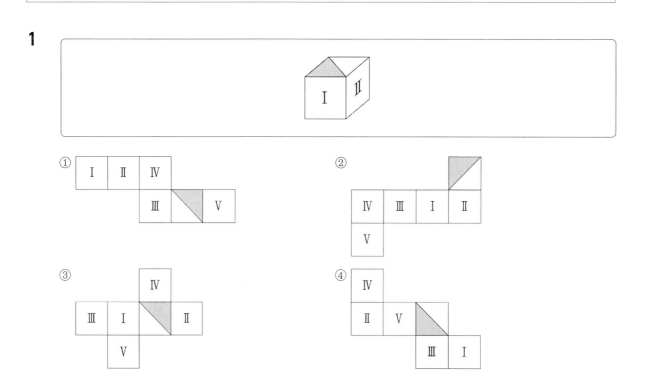

2

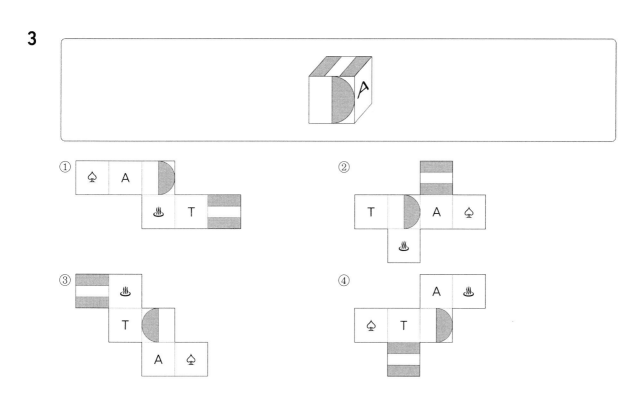

3

4

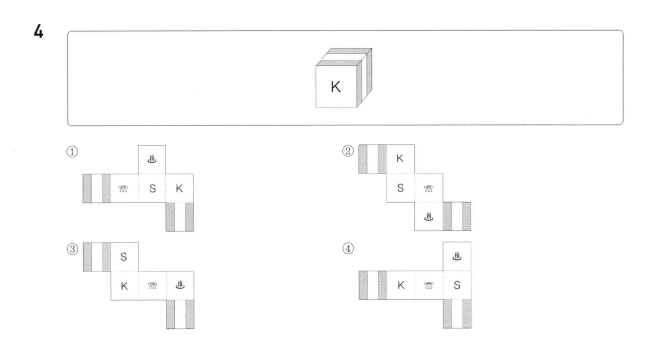

5

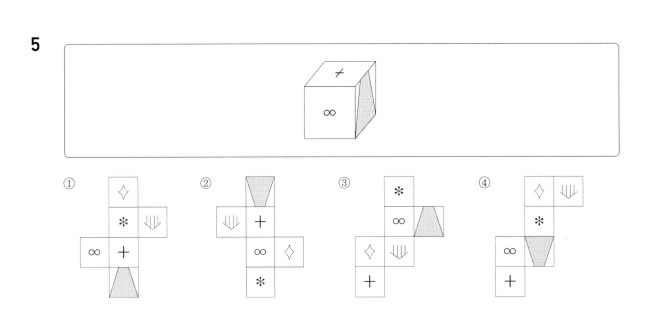

Q 다음 전개도를 접었을 때 나타나는 도형으로 알맞은 것을 고르시오. 【6~10】

※ 주의사항
• 전개도를 접을 때 전개도 상의 그림, 기호, 문자가 입체도형의 겉면에 표시되는 방향으로 접음.
• 전개도를 접어 입체도형을 만들 때, 전개도에 표시된 그림(예 : ▮, ◪ 등)은 회전의 효과를 반영함. 즉, 본 문제의 풀이과정에서 보기의 전개도 상에 표시된 "▮"와 "▬"은 서로 다른 것으로 취급함.
• 단, 기호 및 문자(예 : ☎, ♨, ♨, K, H)의 회전에 의한 효과는 본 문제의 풀이과정에 반영하지 않음. 즉, 전개도를 접어 입체도형을 만들었을 때에 "☏"의 방향으로 나타나는 기호 및 문자도 보기에서는 "☎"방향으로 표시하며 동일한 것으로 취급함.

6

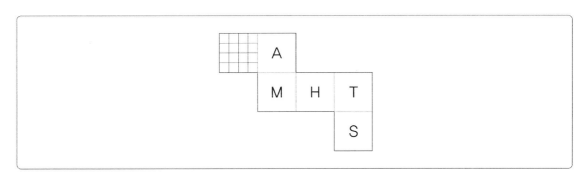

①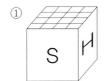
②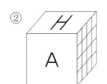
③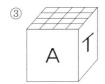
④

7

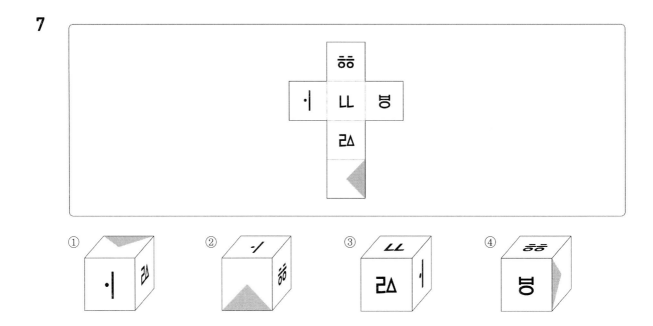

8

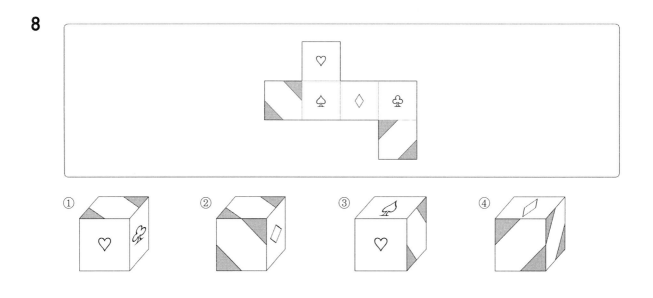

9

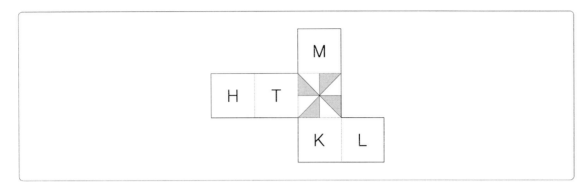

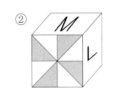

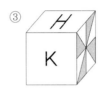

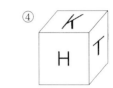

10

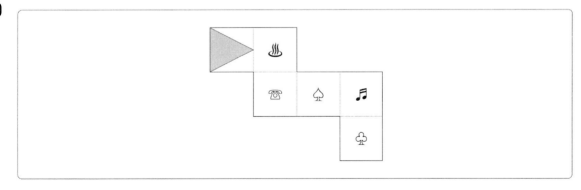

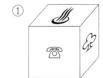

아래에 제시된 그림과 같이 쌓기 위해 필요한 블록의 수는? 【11~14】

* 블록의 모양과 크기는 모두 동일한 정육면체임

11

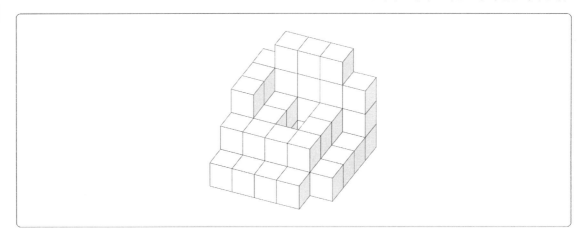

① 48개   ② 49개

③ 50개   ④ 51개

12

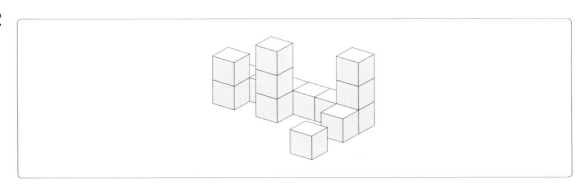

① 13개   ② 14개

③ 15개   ④ 16개

13

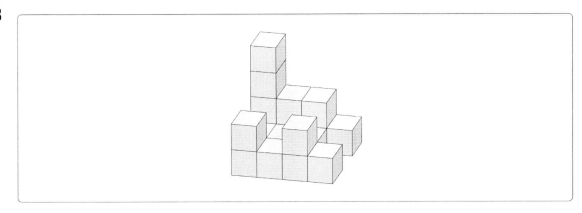

① 16   ② 17
③ 18   ④ 19

14

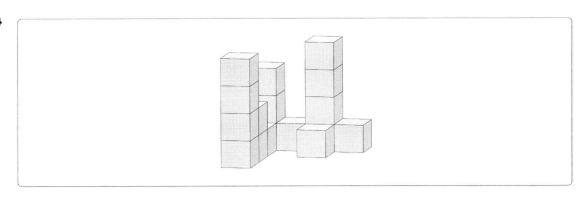

① 16   ② 17
③ 18   ④ 19

Q 아래에 제시된 블록들을 화살표 표시한 방향에서 바라봤을 때의 모양으로 알맞은 것은?
【15~18】

※ 주의사항
• 블록의 모양과 크기는 모두 동일한 정육면체임.
• 바라보는 시선의 방향은 블록의 면과 수직을 이루며 원근에 의해 블록이 작게 보이는 효과는 고려하지 않음.

15

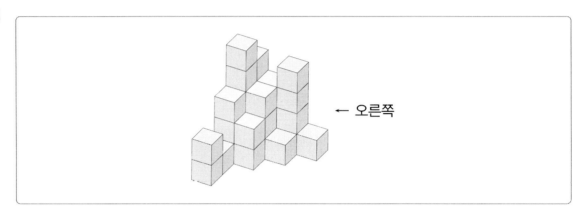

← 오른쪽

① 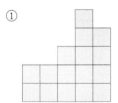   ② 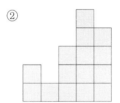   ③ 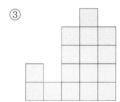   ④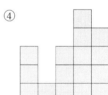

16

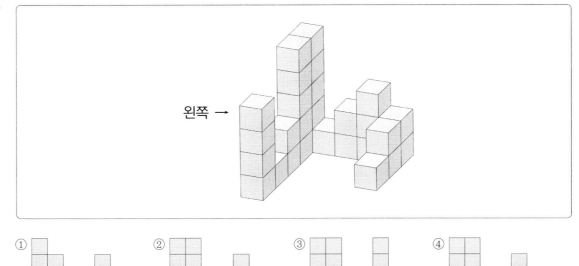

왼쪽 →

① ② ③ ④

17

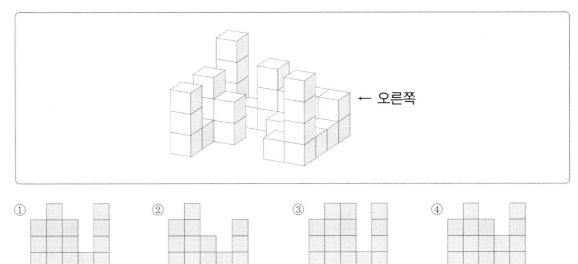

← 오른쪽

① ② ③ ④

18

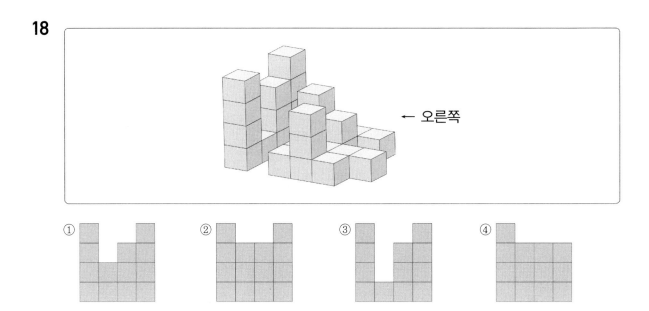

← 오른쪽

① ② ③ ④

Q 제시된 기호, 문자, 숫자의 대응을 참고하여 각 문제의 대응이 같으면 '① 맞음'을, 틀리면 '② 틀림'을 선택하시오. 【1~5】

구 = 1	관 = 2	검 = 3	면 = 4	분 = 5
사 = 6	신 = 7	임 = 8	접 = 9	체 = 0

1 8 2 1 5 0 4 – 임 관 구 분 사 면   ① 맞음   ② 틀림

2 4 9 3 6 7 8 – 면 검 접 사 신 임   ① 맞음   ② 틀림

3 6 7 2 8 1 5 0 – 사 신 임 관 구 분 체   ① 맞음   ② 틀림

4 7 8 7 0 3 6 – 신 임 신 체 구 사   ① 맞음   ② 틀림

5 2 6 5 8 7 3 – 관 사 분 임 신 검   ① 맞음   ② 틀림

다음에서 각 문제의 왼쪽에 표시된 굵은 글씨체의 기호, 문자 또는 숫자의 개수를 오른쪽에서 찾으시오. 【6~10】

6 **으** 우리의 일상에서 가장 재미있는 부분은 아무것도 예측할 수 없는데서 온다.

① 12개   ② 13개
③ 14개   ④ 15개

7 **◉** △◎⊗▽⊙⊗△⊖⊗▯▯▽△▽▽⊗▯◎▯

① 1개   ② 2개
③ 3개   ④ 4개

8 $\dfrac{3}{2}$ $\dfrac{4}{5}$ $\dfrac{8}{2}$ $\dfrac{4}{5}$ $\dfrac{3}{4}$ $\dfrac{6}{7}$ $\dfrac{9}{5}$ $\dfrac{7}{9}$ $\dfrac{7}{3}$ $\dfrac{2}{2}$ $\dfrac{1}{7}$ $\dfrac{1}{2}$ $\dfrac{5}{6}$

① 0개   ② 1개
③ 2개   ④ 3개

9 **ᚨ** ᛭ᚻᛁᛏᚼᛦᛁᛁᛒᛑᛒᛈᛒᚦᛒ᛭ᛈᛈᚠᚷᚵᛈᚾᛞᚷᛅᚲᛘᛘ

① 2개   ② 3개
③ 4개   ④ 5개

10 **Ⓕ** 3.ⓊⓝⓙⓨⒸⒻⒾⒶⓄⓌⒻⓩ11⑾⑳

① 0개   ② 1개
③ 2개   ④ 3개

Ⓠ 제시된 기호, 문자, 숫자의 대응을 참고하여 각 문제의 대응이 같으면 '① 맞음'을, 틀리면 '② 틀림'을 선택하시오. 【11~13】

♩=강	♭=바	♯=람	♫=산	♬=들
⊱=숲	◁◀=성	▶◁=풀	◀=해	▶◀=달

11 해 강 들 산 숲 = ◀ ♩ ♫ ♬ ⊱　　　　　① 맞음　　② 틀림

12 산 람 성 달 바 − ♫ ♯ ◁◀ ▶◀ ♭　　　① 맞음　　② 틀림

13 산 들 바 풀 달 − ♫ ♬ ♭ ▶◁ ▶◀　　　① 맞음　　② 틀림

Ⓠ 다음에서 각 문제의 왼쪽에 표시된 굵은 글씨체의 기호, 문자, 숫자의 개수를 오른쪽에서 모두 세어 보시오. 【14~16】

14 **o**　　a drop in the ocean high top hope little

① 1개　　② 2개
③ 3개　　④ 4개

15 **ㄹ**　　여름철에는 음식물을 꼭 끓여 먹자

① 3개　　② 4개
③ 5개　　④ 6개

16 **4**　　51209645291312870453497324250507042 3302

① 3개　　② 5개
③ 7개　　④ 9개

Q 제시된 기호, 문자, 숫자의 대응을 참고하여 각 문제의 대응이 같으면 '① 맞음'을, 틀리면 '② 틀림'을 선택하시오. 【17~19】

韓 = 1	加 = c	有 = 5	上 = 8	德 = 11
武 = 6	下 = 3	老 = 21	無 = R	體 = Z

17 c R 11 6 3 – 加 無 德 武 下   ① 맞음   ② 틀림

18 1 21 5 3 Z – 韓 老 有 下 體   ① 맞음   ② 틀림

19 6 R 21 c 8 – 武 無 加 老 上   ① 맞음   ② 틀림

Q 제시된 기호, 문자, 숫자의 대응을 참고하여 각 문제의 대응이 같으면 '① 맞음'을, 틀리면 '② 틀림'을 선택하시오. 【20~22】

☆ = ㅁ	♂ = ㅂ	☃ = ㅎ	⊙ = ㅋ	☇ = ㄹ
Ω = ㄱ	♉ = ㅇ	♂ = ㄴ	♂ = ㅌ	☼ = ㅊ

20 ㅁ ㅇ ㄹ ㅊ ㅋ – ☆ ♉ ☇ ♂ ⊙   ① 맞음   ② 틀림

21 ㅂ ㅎ ㅋ ㄹ ㄱ – ♂ ☃ ⊙ ☇ ♉   ① 맞음   ② 틀림

22 ㅁ ㄴ ㅌ ㅊ ㅂ – ☆ ♂ ♂ ☼ ♂   ① 맞음   ② 틀림

◎ 다음에서 각 문제의 왼쪽에 표시된 굵은 글씨체의 기호, 문자, 숫자의 개수를 오른쪽에서 모두 세어 보시오. 【23~27】

23 **이**   이번에 유출된 기름은 태안사고 당시 기름 유출량의 약 1.9배에 이르는 양이다.

① 2개 ② 3개
③ 4개 ④ 5개

24 **w**   when I am down and oh my soul so weary

① 1개 ② 2개
③ 3개 ④ 4개

25 **Ξ** $\Upsilon \text{Ш} \beta \ \Psi \ \Xi \text{ᚺ} \text{Ϯ} \text{б} \text{ð} \pi \ \tau \ \varphi \ \lambda \ \mu \ \xi \ \acute{\eta} \text{O} \Xi M \ddot{Y}$

① 1개 ② 2개
③ 3개 ④ 4개

26 **α** $\sum 4 \lim 6 \vec{A} \pi 8 \beta \dfrac{5}{9} \Delta \pm \int \dfrac{2}{3} \text{Å} \theta \gamma 8$

① 0개 ② 1개
③ 2개 ④ 3개

27 **2**   100594786289486249824923 14867

① 2개 ② 4개
③ 6개 ④ 8개

Ⓠ 제시된 기호, 문자, 숫자의 대응을 참고하여 각 문제의 대응이 같으면 '① 맞음'을, 틀리면 '② 틀림'을 선택하시오. 【28~30】

| † = ㅜ | k = ㅍ | ✕ = ㅗ | s = ㅇ | e = ㅛ |
| ✚ = ㅝ | t = ㅋ | m = ㅚ | ✖ = ㅕ | ㅒ = ㄴ |

---

28 ㅍ ㅚ ㄴ ㅇ ㅕ – k m ㅒ e ✖　　　　　① 맞음　　② 틀림

29 ㅜ ㅝ ㅋ ㅝ ㅕ – † ✚ t ✚ ✖　　　　　① 맞음　　② 틀림

30 ㅋ ㅛ ㄴ ㅛ ㅗ – t e ㅒ ✕ e　　　　　① 맞음　　② 틀림

1 다음은 어떤 사건의 배경에 관한 자료이다. 이 사건에 관한 설명으로 옳은 것은?

> • 김옥균이 일본과의 차관 교섭에 실패하자 집권 온건 개화파와 대립하고 있던 급진 개화파의 입지는 더욱 좁아졌다.
> • 청과 프랑스 사이에 베트남 문제를 둘러싸고 청·프 전쟁의 기운이 보이자, 청은 이에 대한 대비로 서울에 주둔시킨 청군 병력 중에서 절반을 빼내어 베트남 전선에 이동시켰다. 서울에는 이제 청군 1,500여 명만 남게 되었다.

① 개혁 추진 기구로 집강소를 설치하였다.
② 고종이 러시아 공사관으로 거처를 옮겼다.
③ 구식 군인들이 일본 공사관을 습격하였다.
④ 최초로 근대 국민 국가를 건설하려 하였다.

2 다음은 항일의병 운동의 시기별 특징을 설명한 것이다. ⓒ시기에 일어난 역사적 사실이 아닌 것은?

> ㉠ 존왕양이를 내세우며 지방관아를 습격하여 단발을 강요하는 친일 수령들을 처단하였다.
> ㉡ 일본의 외교권 박탈을 계기로 국권 회복을 위한 무장항전을 전개하였다.
> ㉢ 유생과 군인, 농민, 광부 등 각계각층을 포함하여 전력이 향상된 의병은 일본군과 직접 전투를 벌였다.

① 민종식은 1천여 의병을 이끌고 홍주성을 점령하였다.
② 평민 출신 의병장 신돌석이 처음으로 등장하여 강원도와 경상도의 접경지대에서 크게 활약하였다.
③ 의병 지도자들은 서울 진공 작전을 시도하여 경기도 양주에서 13도 창의군을 결성하였다.
④ 최익현은 정부 진위대와의 전투에 임해서 스스로 부대를 해산시키고 체포당하였다.

3 다음과 같은 주장을 한 단체와 관련이 없는 것은?

> • 전국적으로 정치범·경제범을 즉시 석방할 것
> • 서울의 3개월 간의 식량을 보장할 것
> • 치안유지와 건국을 위한 정치활동에 간섭하지 말 것

① 건국동맹을 모체로 한다.
② 송진우, 김성수 등이 주도하여 창설되었다.
③ 건국치안대를 조직하여 치안을 담당하였다.
④ 인민위원회로 전환되기도 하였다.

4 다음 헌법을 만들었던 국회에 대한 옳은 설명을 〈보기〉에서 고른 것은?

> 대통령과 부통령은 국회에서 무기명 투표로써 각각 선출한다. 전항의 선거는 재적 의원 3분의 2 이상의 출석과 출석 의원 3분의 2 이상의 찬성 투표로써 당선을 결정한다. …(중략)… 대통령과 부통령은 국무총리 혹은 국회의원을 겸임하지 못한다.

〈보기〉

㉠ 4·19 혁명으로 해산되었다.　　　　　㉡ 이승만을 대통령으로 선출하였다.
㉢ 반민족 행위 처벌법을 제정하였다.　　㉣ 대통령 직선제 개헌안을 통과시켰다.

① ㉠㉡　　　　　　　　　　　　　　　② ㉠㉢
③ ㉡㉢　　　　　　　　　　　　　　　④ ㉢㉣

5 다음 질문에 옳게 대답한 것을 모두 고르면?

〈질문〉
우리나라의 경제 개발을 상징하는 것은 경부 고속 국도와 포항 종합 제철 공장입니다. 두 공사가 시작될 당시의 경제 상황에 대해 말해보세요.

〈답변〉
甲 : 우루과이 라운드 협정 타결로 시장 개방이 가속화되고 있었어요.
乙 : 한·일 협정 체결 이후 일본에서 청구권 자금이 유입되고 있었어요.
丙 : 베트남 파병에 따른 베트남 특수로 우리 기업의 해외 진출이 활발했어요.
丁 : 저금리, 저유가, 저달러의 3저 현상으로 인해 수출이 계속 늘어나고 있었어요.

① 甲, 乙
② 甲, 丙
③ 乙, 丙
④ 丙, 丁

6 다음은 대한민국 정부수립을 전후하여 있었던 주요사건이다. 시기순으로 배열된 것은?

㉠ 여운형 암살	㉡ 조선민주주의 인민공화국 성립
㉢ 제주 4·3사건 발발	㉣ 대한민국 정부수립 반포
㉤ 농지개혁법 공포	

① ㉠-㉡-㉣-㉢-㉤
② ㉠-㉢-㉡-㉣-㉤
③ ㉠-㉢-㉣-㉡-㉤
④ ㉢-㉠-㉣-㉡-㉤

7 다음 내용을 선언하여 한국의 독립을 최초로 결의한 국제회의는?

> "한국 인민의 노예상태를 유의하여, 적당한 시기에 한국을 해방시키며 독립시킬 것을 결의한다."

① 카이로회담 　　　　　　　　　② 얄타회담
③ 포츠담선언 　　　　　　　　　④ 모스크바 3국 외상회의

8 다음 연표의 ㈎, ㈏ 시기에 있었던 사실로 옳은 것은?

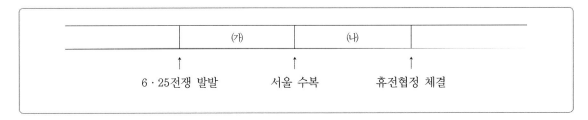

① ㈎-인천상륙작전이 실시되었다.
② ㈎-중국군의 참전으로 인해 한국군은 서울에서 후퇴하게 되었다.
③ ㈏-애치슨 선언이 발표되었다.
④ ㈏-유엔 안전보장이사회에서 유엔군 파병이 결정되었다.

9 (가)~(라) 사진을 보고 학생들이 나눈 대화의 내용으로 옳은 것을 〈보기〉에서 고른 것은?

(가) 인천 상륙 작전
(나) 중국군 참전
(다) 반공 포로 석방
(라) 한·미 상호 방위 조약 체결

〈보기〉

㉠ (가) – 서울 수복의 발판을 마련하였어. ㉡ (나) – 1·4 후퇴의 계기가 되었지.

㉢ (다) – 미국의 동의로 이루어졌어. ㉣ (라) – 애치슨 선언의 배경이 되었지

① ㉠㉡ ② ㉠㉢

③ ㉡㉢ ④ ㉡㉣

10 다음 결의문이 발표된 당시의 모습으로 가장 적절한 것은?

> 유엔 안전 보장 이사회는 …(중략)… 지금 상황이 대한민국 국민의 안전을 위협하고, 공공연한 군사 분쟁
> 으로 이어질 수 있음을 우려하며 다음과 같이 결의한다.
> – 북한에게 전쟁 행위를 즉시 멈추고, 그 군대를 38도선까지 철수할 것을 요구한다.
> – 유엔 한국 위원단에 북한군의 38도선으로의 철수를 감시할 것을 요청한다.

① 휴전 협정 반대 시위를 벌이는 학생들

② 흥남에서 배를 타고 남하하는 피난민들

③ 북한군의 남침 소식에 놀라는 서울 시민들

④ 한·미 상호 방위 조약을 체결하는 당국자들

11 다음 중 국가 발전 과정에서 군의 역할이 아닌 것은?

① 한·미 상호방위조약과 군사력 강화하였다.

② 6·25전쟁을 도와 준 우방국에 보답 및 자유 민주주의 수호로 베트남 파병을 하였다.

③ 국민의 안보 의식을 고취시키기 위해, 현역 장병을 중심으로 향토예비군을 창설하였다.

④ 대북 전력격차를 해소하기 위해 율곡 사업을 시행하였다.

12 다음 중 한국군의 다국적군의 평화활동 사례가 아닌 것은?

① 아프가니스탄 파병은 최초의 다국적군 평화활동이다.

② 최초의 다국적군 평화활동 민사지원부대로 이라크에 파병되었다.

③ 최초의 다국적군 평화활동을 위해 청해부대가 소말리아 해역으로 파병되었다.

④ 소말리아 해적에 피랍된 삼호주얼리호와 우리 선원을 구출하기 위한 '아덴만 여명작전'은 실패하였다.

13 다음 설명에 해당하는 북한의 도발이 자행된 시기로 옳은 것은?

> 북한군이 판문점 공동경비구역에서 나무의 가지치기 작업을 하던 UN군 소속 미군장교 2명을 도끼로 살해하였다.

① 1960년대   ② 1970년대

③ 1980년대   ④ 1990년대

14 다음 중 북한의 2000년대 도발행태로 옳지 않은 것은?

① 최근에 일으킨 북한의 도발은 김정은이 3대 세습체제 강화를 위한 정치적 목적이 강하다.

② 국제 사회와 대한민국에 대해 공격·협박을 가하고 위협함으로써, 당면한 남북문제와 국제협상에서 이득을 취하고 보상 또는 태도변화 등을 획책하였다.

③ 대청도 인근 NLL에서 북한 경비정 퇴거 과정 중에 대청해전이 발생하였다.

④ 울진, 삼척지구에 무장공비 120명을 침투하여 주민들에게 남자는 남로당, 여자는 여성동맹에 가입하라고 위협하였다.

15 다음 중 천안함 폭침 사건과 관련이 없는 것은?

① 북한은 잠수함정을 이용한 어뢰 공격을 자행하였다.

② 북한은 방사포와 해안포로 170여발의 포사격을 자행하였다.

③ 북한은 자신의 소행이 아니라고 부인하며 남측의 날조를 주장하였다.

④ 북한제 어뢰에 의한 외부 수중폭발로 발생한 충격파와 버블효과에 의해 절단되어 천안함이 침몰되었다.

16 다음 글의 (가)~(마)에 대한 부연 설명으로 적절하지 않은 것은?

> (가) 철수 가족은 평양 근교의 중소 도시에서 2호 주택인 일반 아파트에 살고 있다. (나) 아버지는 주물 공장 노동자이고 어머니는 한때 같은 공장 간부 사원으로 근무했으나 지금은 집에서 살림만 하고 있다. (다) 철수 어머니는 집안일을 하고 가두 여성들의 인민반 활동에 참여한다. (라) 그후에 장마당에 내다 팔 국수와 만두밥 준비를 한다.

① (가) 북한 주민들은 주택을 개인적으로 소유할 수 없다.

② (나) 북한 주민들은 원하는 사람과 혼인할 수 없고, 국가가 지정해 준다.

③ (다) 북한 주민들은 일상생활이 거의 정해져 있기에 개인 시간을 갖기 어렵다.

④ (라) 장마당은 북한에서의 암시장으로 배급 체계가 무너지고 나서 활성화되었다.

17 다음 글의 빈칸 ⊙ ~ ⓒ에 들어갈 알맞은 말을 순서대로 나열한 것은?

> 북한은 최근에는 (　⊙　)(을)를 내세우며, 국방공업을 우선적으로 발전시키면서도 경공업과 농업을 동시에 발전시키겠다는 달라진 입장을 내세우고 있다. 이는 곧 실리 사회주의를 추구하겠다는 의미로 보인다. 이에 따라 공식적으로 (　ⓛ　)(이)라는 암시장을 단속하고, 북한 당국이 허가한 (　ⓒ　)(을)를 선보이며 변화를 시도하고 있다.

⊙	ⓛ	ⓒ
① 사회주의 경제 노선	인민 시장	장마당
② 사회주의 경제 노선	장마당	종합 시장
③ 선군주의 경제 노선	장마당	인민 시장
④ 선군주의 경제 노선	장마당	종합 시장

18 북한의 정치 체제에 대한 설명으로 옳지 않은 것은?

① 국방위원회와 내각은 법을 집행하는 행정부의 기능을 수행한다.

② 조선 노동당은 국가 권력의 원천으로 최고의 위상과 권한을 가진다.

③ 국방위원회가 일방적으로 국가 정책을 통제하기 때문에 권력 분립이 실질적으로 이루어지지 않는다.

④ 김일성과 김정일 부자의 지배 체제를 강화하고 우상화하는 용도로 수령 지배 체제를 강조하고 있다.

19 북한의 인권 실상과 관계 없는 것은?

① 경제난 지속으로 사회 복지 · 안전 제도가 붕괴되어 기본적 생존권이 위협되고 있다.

② 전통적인 가부장 질서가 유지되고 있어 여성에 대한 차별이 여전하다.

③ 최근 여행증 제도를 도입하여 북한 주민들의 여행의 자유를 보장하는 정책을 유지해오고 있다.

④ 기근으로 인해 북한 여성들의 영양실조는 임신 · 출산 · 육아시의 건강 악화를 초래하였다.

20 다음 각서가 체결된 시기의 경제 상황으로 옳은 것은?

> 제1조 추가 파병에 따른 부담은 미국이 부담한다.
> 제3조 베트남 주둔 한국군을 위한 물자와 용역은 가급적 한국에서 조달한다.
> 제4조 베트남에서 실시되는 각종 건설·구호 등 제반 사업에 한국인 업자가 참여한다.

① 제분, 제당, 방직의 삼백 산업이 발달하였다.
② 강대국의 농산물 시장 개방 압력이 거세었다.
③ 성장 위주의 경제 개발 정책이 추진되고 있었다.
④ 국제 통화 기금으로부터 구제 금융을 지원받았다.

21 다음 중 카터(Jimmy Carter) 행정부의 주한미군 철수 정책과 관련이 없는 것은?

① 1977년에서 1982년까지 3단계 철군안이 발표되었다.
② 1978년까지 3,400명이 철군하였다.
③ 북한 군사력에 대한 재평가로 철군 계획이 취소되었다.
④ 데탕트 분위기가 심화되면서 주한미군 철수 정책이 강화되었다.

22 중국이 다음과 같은 일을 벌이는 의도로 옳은 것을 〈보기〉에서 고른 것은?

> 중국은 옛 고구려와 발해의 영토가 현재 자신들의 영토 안에 있다는 이유로, 고구려와 발해의 역사를 고대 중국의 지방 정권으로 편입시키려는 노력을 기울이고 있다. 중국은 국가 차원에서 이 지역에 대한 연구와 문화재 복원 사업 등과 함께 지역 경제 활성화를 위한 지원 사업 등을 전개하였다.

〈보기〉
○ 일본의 역사 왜곡에 대응하기 위해
○ 통일 후 한반도에 영향력을 미치기 위해
○ 한국에 대한 식민지 지배의 정당화를 위해
○ 조선족 등 지역 거주민에 대한 결속을 강화하기 위해

① ㄱㄴ   ② ㄱㄷ
③ ㄴㄷ   ④ ㄴㄹ

23 다음은 고구려에 대한 중국의 주장이다. 이를 반박할 수 있는 사료로 가장 적절한 것은?

> • 고구려는 중국 왕조의 책봉을 받고 조공을 하였던 중국의 지방 정권이었다.
> • 고구려는 '기자 조선 – 위만 조선 – 한사군 – 고구려'로 계승된 중국의 고대 소수 민족 지방 정권이었다.

① 택리지   ② 삼국사기
③ 동국문헌비고   ④ 해동제국기

24 다음에서 설명하는 섬과 관계가 없는 것은?

> 1855년 11월 17일 프랑스 함정 콘스탄틴느(Constantine)호가 조선해[東海]를 통과하면서 북위 37도선 부근의 한 섬을 '로세리앙쿠르(Rocher Liancourt)'라고 명명하였다.

① 다케시마의 날 제정 2월 22일
② 공도정책
③ 안용복의 활동
④ 정계비의 건립

25 독도 영유권 문제와 관련된 설명으로 옳은 것을 〈보기〉에서 모두 고른 것은?

> ─────〈보기〉─────
> ㉠ 국제 사법 재판소에서 독도 영유권 문제를 다루고 있다.
> ㉡ 독도는 국제법상으로, 역사적으로 명백한 우리의 영토이다.
> ㉢ 최근 독도를 일본 영토라고 표기한 일본 교과서가 검정을 통과하여 국제 문제를 일으키고 있다.
> ㉣ 우리나라는 국내외 여러 자료와 일본 사료를 근거로 독도가 우리 고유의 영토임을 밝히고 있다.

① ㉠㉡㉢
② ㉠㉡㉣
③ ㉠㉢㉣
④ ㉡㉢㉣

PART

02

정답 및 해설

CHAPTER **01**　인지능력평가

언어논리

1	2	3	4	5	6	7	8	9	10	11	12	13	14	15	16	17	18	19	20
④	⑤	②	①	②	②	②	④	①	①	②	⑤	③	③	④	⑤	④	③	③	④

21	22	23	24	25															
④	②	②	①	②															

1　④

① 도중에 쉬지 않고 끝까지 달림
② 단단한 물체를 손이나 발 따위로 쳐서 깨뜨림
③ 이성의 관심을 끌기 위하여 은근히 보내는 눈길
④ 어떤 내용을 듣는 사람이 납득하도록 분명하게 드러내어 말함
⑤ 반쯤 부서짐

2　⑤

① 물자를 여러 곳에 나누어 보내 줌
② 어떤 사상, 의견, 물건 따위를 물리침
③ 믿음이나 의리를 저버림
④ 몫을 나누어 정함
⑤ 갑절 또는 몇 배로 늘어나거나 늘림

3 ②

① 편지, 전신, 전화 따위로 회답을 함
② 곧바로 가지 않고 멀리 돌아서 감
③ 전화가 통할 수 있도록 가설된 선
④ 회의를 일시 중지함
⑤ 도로 거두어들임

4 ①

① 둘 이상의 당사자의 의사가 일치함
② 시험, 검사, 심사 따위에서 일정한 조건을 갖추어 어떠한 자격이나 지위를 얻음
③ 두 가지 이상의 악기로 동시에 연주함
④ 공간이 좁고 작다
⑤ 서로 마음과 힘을 하나로 합함

5 ②

무르다 … 사거나 바꾼 물건을 원래 임자에게 도로 주고 돈이나 물건을 되찾다.
①⑤ 여리고 단단하지 않다.
③④ 마음이 여리거나 힘이 약하다.

6 ②

엿보다 … 어떤 사실이나 바탕으로 실상을 미루어 알다.
① 남이 보이지 아니하는 곳에 숨거나 남이 알아차리지 못하게 하여 대상을 살펴보다.
③ 잘 드러나지 아니하는 마음이나 생각을 알아내려고 살피다.
④ 무엇을 이루고자 온 마음을 쏟아서 눈여겨보다.
⑤ 음흉한 목적을 가지고 남의 것을 빼앗으려고 벼르다.

7 ②

분업은 생산 공정을 전문화시켜 생산성을 높여 줌으로써 경제의 효율성은 증가시키나, 소득을 균등하게 배분해 주지는 못한다.

---

8 ④

④ 두 문장에 쓰인 '보다'의 의미가 '자신의 실력이 나타나도록 치르다.', '눈으로 대상의 존재나 형태적 특징을 알다.'이므로 다의어 관계이다.
①②③⑤ 두 문장의 단어가 서로 동음이의어 관계이다.

---

9 ①

세 번째 문장의 '인간의 생존 자체를 위협하는 것'이라는 어구를 통해 공포라는 어휘가 적절함을 유추할 수 있다.

---

10 ①

① 어떤 장소·시간에 닿음을 의미한다.
②③④⑤ 어떤 정도나 범위에 미침을 의미한다.

---

11 ②

㉠ 언어문화의 차이로 소통의 어려움을 겪는 일이 잦음(도입·전제) → ㉣ 포츠담 선언에서 사용한 '묵살(黙殺)'이라는 표현(전개·예시) → ㉡ 문화의 차이로 인해 생긴 결과(부연) → ㉢ 사건발생의 원인이 된 언어문화의 차이에 대한 설명(결론)

---

12 ⑤

문제 제시가 가장 먼저 나오고(㉤) 해결해야 할 논점(㉢)을 분명하게 제시한 뒤, 그 해결 방안을 모색하기 위한 검토의 단계(㉡, ㉣)를 거친 다음, 결론적으로 해결 방안을 제시하는 것이 적절하다.

13 ③

'이제 더 이상 대중문화를 무시하고 엘리트 문화지향성을 가진 교육을 하기는 힘든 시기에 접어들었다.' 가 이 글의 핵심문장이라고 볼 수 있다. 따라서 대중문화의 중요성에 대해 말하고 있는 ③이 정답이다.

---

14 ③

첫 번째 괄호는 바로 전 문장에 대해 전환하는 내용을 이어주어야 하므로, '그런데'가 적절하다. 두 번째 괄호는 바로 전 문장과 인과관계에 있는 문장을 이어주므로 '그래서'가 적절하다. 따라서 정답은 ③이다.

---

15 ④

네 번째 줄에 '그 원동력은 매몰된 광부들 스스로가 지녔던, 살 수 있다는 믿음과 희망이었다.'를 통해 글의 주제를 알 수 있다.

---

16 ⑤

실패의 시련을 견디었다는 점에서 절치부심(切齒腐心), 와신상담(臥薪嘗膽)하였고, 고진감래(苦盡甘來)라 하여 고생 끝에 3개의 금메달을 따냈으며, 화려하게 귀국한 것은 금의환향(錦衣還鄕)에 해당한다. ⑤의 수구초심(首丘初心)은 고향에 대한 그리움을 나타낸다.

---

17 ④

제시된 글은 영화와 연극을 서로 견주어 보면서 비슷한 점과 차이점에 대하여 기술하고 있다.

---

18 ③

영민이가 좋은 애인이라는 사실이 따로 입증되지 않고 순환되고 있는 것으로 '순환 논증의 오류'를 범하고 있음을 알 수 있다. 순환 논증의 오류는 전제를 바탕으로 결론을 논증하고 다시 결론을 바탕으로 전제를 논증하는 데에서 오는 오류를 말한다.

19 ③

ⓛ은 '보편적 이성이란 없다'로 요약된다. 주어진 문장과 ⓒ은 ⓛ의 근거가 되는데, ⓒ에서 '~관해서도'라고 하였으므로 주어진 문장이 ⓒ보다 먼저 제시되는 것이 적절하다. 따라서 주어진 문장은 ⓛ 바로 뒤에 들어가야 한다.

---

20 ④

해가 지면 행복한 가정에서 하루의 고된 피로를 풀기 때문에 농부들이 고된 노동에도 긍정적인 삶의 의욕을 보일 수 있다는 내용을 찾으면 된다.

---

21 ④

이 글의 주제는 변영태가 청백리라는 사실이다. ㉠은 청백리와 직접적인 관계가 없는 내용이며, ㉣은 책임감, 상사에 대한 충성심에 어울리는 내용이므로 ㉠㉣을 생략하여야 글의 통일성을 이룰 수 있다. 따라서 반드시 있어야 하는 것은 ㉡㉢이다.

---

22 ②

정신과 신체를 서로 다른 것이 아니라 하나로 보았다는 내용에서 정신과 신체의 관계는 확인할 수 있으나 유래는 확인할 수 없으므로 정답은 ②이다.

---

23 ②

스피노자는 사물이 다른 사물과 어떤 관계를 맺느냐에 따라 선이 되기도 하고 악이 되기도 한다고 말했다. 그렇기 때문에 선악은 사물 자체가 지닌 성질로 볼 수 없다.

---

24 ①

이 글은 인상파 이전의 회화의 경향과 함께 새로운 형태의 그림을 그린 인상파 화가들의 회화의 특징을 설명한 후 인상파의 미술사적 의미를 밝히고 있으나 인상파 화가들이 인상파라는 명칭에 대해 어떤 반응을 보였는가에 대해서는 제시되어 있지 않다.

25   ②

'인상파 그림은 주제를 이해하기 위한 배경 지식을 더 이상 필요로 하지 않는다.'라는 내용과 '인상파 이전의 19세기 화가들은 배경지식 없이는 이해하기 힘든 특별한 사건이나 인물, 사상 등을 주제로 하여 그림을 그렸다.'는 내용을 통해 이전의 화가들과 인상파 화가들의 회화에 대한 입장 차이를 알 수 있다.

자료해석

1	2	3	4	5	6	7	8	9	10	11	12	13	14	15	16	17	18	19	20
②	④	③	④	①	④	①	③	④	④	③	③	①	①	②	④	③	②	②	④

1   ②

② 2020년 A도시는 전년도에 비해 327,691명 증가했고 2018년 C도시는 전년도에 비해 407,996명 증가해서 전년대비 가장 인구 변동이 많은 도시는 2018년의 C도시이다.

---

2   ④

① 금형의 불량률은 $4 \div 125 \times 100 = 3.2(\%)$이다.

② 주물의 판매수익은 $(120 - 3) \times 2,100 = 245,700$(원)이다.

③ 주물의 판매수익은 245,700원이고 금형의 판매수익은 248,050원 이므로 금형의 판매수익이 더 높다.

---

3   ③

③ 조은 학생의 기말시험 평균은 $(88 + 94 + 90 + 92) \div 4 = 91$점으로 중간시험 보다 성적이 떨어졌다.

---

4   ④

A인쇄기는 시간당 40권을, B인쇄기는 시간당 50권이 인쇄 가능하므로 두 인쇄기를 모두 가동하면 시간당 90권을 인쇄할 수 있다. 최초 A인쇄기로 1시간 인쇄하면 40권을 인쇄하고 남은 360권을 인쇄하는데 A, B인쇄기 모두 사용하면 4시간이 걸린다. 따라서 책 400권을 인쇄하는데 5시간이 걸린다.

5 ①

13＋11＋11＋5＝40이므로 최소 4번을 쏘아야 한다.

---

6 ④

① 세대 간 이동한 사람은 그렇지 않은 사람에 비해 적다.

② 아버지 세대는 하층, 자녀 세대는 중층 비율이 가장 높다.

③ 아버지 세대보다 자녀 세대에서 계층 양극화가 완화되었다.

---

7 ①

① 피자 2개, 아이스크림 2개, 도넛 1개를 살 경우, 행사 적용에 의해 피자 2개, 아이스크림 3개, 도넛 1개, 콜라 1개를 사는 효과가 있다. 따라서 총 칼로리는 $(600 \times 2) + (350 \times 3) + 250 + 150 = 2,650$kcal이다.

② 돈가스 2개(8,000원), 피자 1개(2,500원), 콜라 1개(500원)의 조합은 예산 10,000원을 초과한다.

③ 아이스크림 2개, 도넛 6개를 살 경우, 행사 적용에 의해 아이스크림 3개, 도넛 6개를 구입하는 효과가 있다. 따라서 총 칼로리는 $(350 \times 3) + (250 \times 6) = 2,550$kcal이다.

④ 돈가스 2개, 도넛 2개를 살 경우, 행사 적용에 의해 돈가스 3개, 도넛 2개를 구입하는 효과가 있다. 따라서 총 칼로리는 $(650 \times 3) + (250 \times 2) = 2,450$kcal이다.

---

8 ③

③ 전체 인구에서 14세 이하 인구비율과 65세 이상 인구비율을 뺀 15~64세 인구의 비율은 증가하다가 감소하고 있다.

---

9 ④

실험결과에 따르면 A가 여자를 여자로 본 사람이 40명 중에 18명, 남자를 남자로 본 사람이 60명 중에 28명이므로 100명 중에 46명의 성별을 정확히 구분했다.

$$\therefore \frac{18+28}{100} \times 100 = 46(\%)$$

10 ④

① 증가 → 감소 → 증가 → 증가로 동일하다.

② 자료에서 최근 5년간 저수지에서 발생한 물놀이 안전사고가 없음을 확인할 수 있다.

③ 2019년 전년대비 물놀이 안전사고가 증가한 장소는 해수욕장, 계곡, 유원지 3곳이다.

④ $\frac{6}{33} \times 100 =$ 약 18%로 20%를 넘지 않는다.

---

11 ③

① 학생들의 평균 독서량은 5권이다.

② 남학생 중 독서량이 7권 이상인 학생은 F 한 명이다.

③ 여학생은 두 명이고 남학생 중 독서량이 7권 이상인 학생은 한 명이므로, 여학생이거나 독서량이 7권 이상인 학생은 세 명으로 전체 학생 수의 절반이상이다.

④ 독서량이 2권 이상인 학생 중 남학생의 비율은 5분의 3이고 전체 학생 중 여학생의 비율은 3분의 1이므로 2배 이하이다.

---

12 ③

① 서울은 7월에, 파리는 8월에 월평균 강수량이 가장 많다.

② 월평균기온은 7~10월까지는 서울이 높고, 11월과 12월은 파리가 높다.

④ 서울의 월평균 강수량은 대체적으로 감소하는 경향을 보인다.

---

13 ①

3월부터 7월까지 두 과목의 평균점수

3월	4월	5월	6월	7월
82	90.5	88	88	91

---

14 ①

33만5천 명으로 중국으로 간 해외여행자 수가 가장 적다.

15   ②

① 프랑스 여행객은 2012년도까지 증가하였다가 2013년에 감소하였고 2014년에 다시 증가하였다.
③ 최근 5년간 해외여행자 수가 가장 큰 폭으로 증가한 나라는 미국이다.
④ 일본 여행객은 2012년부터 감소하는 추세이다.

---

16   ④

조사대상자의 수는 표를 통해 구할 수 없다.

---

17   ③

$300 \div 55 = 5.45 \fallingdotseq 5.5$(억 원)이고 3km이므로 $5.5 \times 3 = $ 약 16.5(억 원)

---

18   ②

소득 수준의 4분의 1이 넘는다는 것은 다시 말하면 25%를 넘는다는 것을 의미한다. 하지만 소득이 150~199일 때와 200~299일 때는 만성 질병의 수가 3개 이상일 때가 각각 20.4%와 19.5%로 25%에 미치지 못한다. 그러므로 ②는 적절하지 않다.

---

19   ②

$13,570 + 24,850 + 70,320 = 108,740$

---

20   ④

$695,790 + 965,780 = 1,661,570$

공간능력

1	2	3	4	5	6	7	8	9	10	11	12	13	14	15	16	17	18		
②	④	③	②	①	①	③	④	①	②	②	②	③	④	③	①	②	③		

※ 공간능력은 별도의 해설이 없습니다.

지각속도

1	2	3	4	5	6	7	8	9	10	11	12	13	14	15	16	17	18	19	20
①	②	②	①	②	②	④	③	①	①	②	②	②	①	②	③	④	③	②	①

21	22	23	24	25	26	27	28	29	30
②	②	①	②	①	②	①	②	②	③

1 ①

♎=⒮, ♏=⒪, ♌=⒨, ♈=㉮, ♋=⒭

2 ②

♐=㉧, ♓=㉤, ♉=⒩, ♊=㈦, ♌=⒨

3 ②

♋=⒭, ♏=⒪, ♈=㉮, ♎=⒮, ♍=⒝

4 ①

♒=㉮, ♊=⒟, ♑=㉧, ♎=⒮, ♉=⒩

5 ②

♓=㉤, ♈=㉮, ♉=⒩, ♍=⒝, ♐=㉧

6 ②

ᛝᛈᛉᛁᛃᛏᛋᛇᛈᚲᛖᚺᚷᛒᚧᛃᛟᚲᛜᛃᛉᛦᛒ

7 ④

ᮃᮬᮕᮈᮆᮓᮬᮈᮒᮓᮔᮊᮀᮇᮡᮓᮬᮈᮔᮒᮓᮈᮊᮇᮬᮈᮔ

8 ③

(musical notation line 8)

9 ①

(musical notation line 9)

10 ①

$\boxed{F5}=\gamma$, $\boxed{F2}=\natural$, $\boxed{F8}=\downarrow$, $\boxed{F4}=\phi$, $\boxed{F9}=\downarrow$, $\boxed{F1}=\sharp$

11 ②

$\flat=\boxed{F3}$, $\flat=\boxed{F6}$, $\downarrow=\boxed{F8}$, $\gamma=\boxed{F5}$, $\Pi=\boxed{F12}$, $\flat=\boxed{F11}$, $\downarrow=\boxed{\mathbf{F10}}$

12 ②

$\boxed{F1}=\sharp$, $\boxed{\mathbf{F3}}=\flat$, $\boxed{F7}=\downarrow$, $\boxed{F5}=\gamma$, $\boxed{F10}=\downarrow$, $\boxed{F9}=\downarrow$

13 ②

$\boxed{F3}=\flat$, $\boxed{F4}=\phi$, $\boxed{F12}=\Pi$, $\boxed{F6}=\flat$, $\boxed{F8}=\downarrow$, $\boxed{F4}=\phi$, $\boxed{\mathbf{F8}}=\downarrow$

14 ①

$\phi=\boxed{F4}$, $\downarrow=\boxed{F9}$, $\flat=\boxed{F11}$, $\flat=\boxed{F11}$, $\downarrow=\boxed{F8}$, $\Pi=\boxed{F12}$, $\downarrow=\boxed{F7}$, $\flat=\boxed{F6}$, $\flat=\boxed{F6}$

15 ②

살어리 살어리랏다 청산에 살어리랏다.

16 ③

엄마야 **누나**야 강**변** 살자.

17 ④

지**금** 눈 내리**고** 매화 향**기** 홀로 아득하니

18 ③

어긔야 어강됴리 **아으** 다롱디리.

19 ②

苛覺覺街**茄**脚澗殼**茄**脚**茄**街**茄茄**珏苛苛街**茄**苛

20 ①

A = ♤, f = ▣, a = ▷, d = ☆, e = ✘

21 ②

C d a B f − ❤ ☆ ▷ ✔ ▣

22 ②

c D d a b − ◉ ♧ ☆ ▷ ☛

23 ①

C = 3, O = 15, W = 23

24 ②

D = 4, I = 9, E = 5, P = 16

25 ①

Z = 26, R = 18, T = 20, O = 15

26 ②

참모본부 − ◑◪◈◆

27 ①

한 = ◑, 미 = ▣, 연 = ▼, 합 = ○, 사 = ◇

28 ②

지대공미사일 − ◭◆◪▣◇⊗

29 ②

102509028209781018 25874 − 4개

30 ③

그녀는 그 사고가 다른 운전자의 잘못이라고 주장했다. − 5개

한국사

1	2	3	4	5	6	7	8	9	10	11	12	13	14	15	16	17	18	19	20
④	②	④	①	④	①	①	④	②	③	①	①	②	④	①	④	①	③	①	①

21	22	23	24	25
①	④	③	③	②

1 **④**

④ 지문의 내용은 1882년 6월 9일 일어난 임오군란에 대한 내용이다. 강화도조약은 1876년 2월 27일 체결된 불평등 조약으로 임오군란 이전에 일어났다.

2 **②**

지문의 내용은 광주학생항일운동이다. 광주학생항일운동은 3 · 1운동 이후 전국으로 퍼진 최대의 민족운동으로 동맹휴교, 가두시위, 휴학 등을 통해 식민지 교육 체제를 반대하고 한국인 본위의 민족교육을 주장하였다. 또한 신간회에서는 체포된 학생의 석방 등 광주학생항일운동을 적극 지원하였다.

② 신민회는 1907년 설립된 비밀결사단체로 1911년 105인 사건으로 해체되었다.

3 **④**

사료의 내용은 신채호의 조선혁명선언으로 이와 관련된 단체는 의열단이다. 1919년 김원봉에 의해 조직된 의열단은 무력투쟁을 통해 독립을 쟁취하려 했으며 일본 고관의 암살과 주요기관 폭파가 그 목적이었다. 대표적인 의열단원으로 조선총독부를 폭파한 김익상, 종로경찰서를 폭파한 김상옥, 동양척식주식회사에서 의거한 나석주 등이 있다.

④ 신민회의 이회영 등이 삼원보로 이주하여 경학사를 만들고 민족 교육과 군사 교육을 담당할 신흥강습소를 설치하였다.

4 **①**

사료의 내용은 기미독립선언서로서 위와 관련된 독립운동은 1919년 3월 1일에 발생한 3 · 1운동이다. 3 · 1운동은 일제강점기 우리 민족 최대의 운동이었으며, 임시정부와 국외 무장 독립 투쟁이 활성화 되는 계기가 된다. 또한 중국의 5 · 4운동, 인도의 비폭력 · 불복종 운동에 큰 영향을 주게 된다.

① 사회주의사상은 1920년대에 전개 되므로 3 · 1운동과 관련되는 내용이 아니다.

5 ④

관민공동회, 백정연사의 발언 등을 볼 때 사료와 관련된 단체는 독립협회이다.

독립협회는 열강의 이권침탈을 막기 위해 근대 문물을 받아들이고 민중을 계몽하기 위해 앞장선 단체이다. 특히 1897년 청나라의 사신을 환영하던 영은문을 헐고 독립문을 세웠으며, 각종 강연회, 토론회를 개최하고 독립신문을 발간하였다. 독립협회는 국민 기본권과 참정권을 요구하는 등 근대 국민국가 건설을 위해 노력했으나, 황국협회와 군대에 의해 강제 해산되었다.

④ 복벽주의는 조선왕조의 복위를 주장하는 것으로 근대 국민국가 건설을 위해 노력한 독립협회와는 다른 주장이다.

---

6 ①

자료의 (개)는 독립 협회이다. 독립 협회는 서재필 등이 주도하여 1896년에 창립되었다. 독립 협회는 독립문을 세웠고, 만민 공동회를 개최하여 러시아의 이권 요구를 저지하는 등 이권 수호 활동을 전개하였다. 또한 관민 공동회를 개최하여 헌의 6조를 결의하였다.

② 조선 형평사

③ 동학교도

④ 신민회

---

7 ①

3 · 1운동은 1918년 1월 미국 대통령 윌슨이 파리 강화 회의에서 발표한 민족자결주의와 도쿄에서 유학생들이 독립 선언서를 발표한 2 · 8 독립 선언의 영향을 받았다.

---

8 ④

④ 헌정 연구회는 입헌 군주제의 도입을 목표로 정치 개혁을 주장하였다.

공화정 수립을 목표로 한 것은 신민회다.

9 ②

㉠ 표면적 문화 통치 시기＝민족 분열 통치 시기(1920년대)

㉡ 민족 말살 통치 시기(1930년대~광복)

㉢ 무단 통치 시기(1910년대)

일본과 조선의 조상이 하나의 민족＝일선동조

① → ㉡

③ → ㉠

④ 창씨개명 → ㉡

---

10 ③

㈎ 국채 보상 운동을 홍보, 외국인이 창간하여 일제의 간섭을 덜 받았다.

㈏ 한글과 영문판으로 발행하였으며, 근대적 지식과 국내외의 정세를 전달하였다.

㈐ 최초의 신문으로 박문국에서 발행되었으며 정부의 개화 정책을 홍보했다.

을사조약을 비판하며 장지연의 '시일야방성대곡'을 게재한 신문은 황성신문이다.

---

11 ①

① 일본의 식량 부족 문제를 한반도에서 해결하고자 하였다.

---

12 ①

제시된 문장은 일제 강점기에 전개된 경제 회복 운동인 물산 장려 운동의 구호이다.

물산 장려 운동은 경제적 자립을 위해 국산품 애용을 통해 민족의 경제력을 기르자는 운동이다.

② 우리 힘으로 대학을 설립하자는 운동

③ 브나로드 운동(동아일보), 문맹 퇴치 운동(조선·동아일보)

④ 6·10 만세 운동(순종의 장례일에 학생들이 독립 만세 시위 주도), 광주 학생 항일 운동(광주에서 한·일 학생 간 일어난 충돌로 민족 차별 철폐 주장)

13 ②

다음 인물들을 통해 발생한 사건으로 6 · 25전쟁을 유추할 수 있다.

① 애치슨 선언

② 북한의 요청으로 중국군이 개입했다.

③ 북한의 남침으로 서울이 함락되고, 국군의 병력 부족으로 한 달 만에 낙동강 부근까지 후퇴하여 부산을 임시 수도로 정하였다.

④ 6 · 25전쟁의 영향으로 인적 피해, 물적 피해, 정신적 피해 등 많은 피해가 발생하였다.

---

14 ④

자료는 국채 보상 운동에 대한 것이다. 일본에서 빌려온 차관을 갚아 국권을 회복하자는 국채 보상 운동은 대구에서 시작되어 대한매일신보, 황성신문 등 언론 기관의 지원을 받아 전국으로 확산되었다.

① 위정척사 운동

② 6 · 10 만세 운동

③ 5 · 18 민주화 운동

---

15 ①

(가) 박정희, (나) 최규하, (다) 전두환

① 박정희 정부 – 국민의 반대에도 불구하고 한국과 일본 국교 간 정상화를 추진하고 협정을 체결하였다.

② 전두환 정부 – 국민들이 유신 철폐와 신군부 퇴진 운동을 전개하였다.

③ 김대중 정부

④ 이승만 정부 – 부정부패와 경제 위기 상황에서 장기 집권 시도를 하였다.

---

16 ④

전두환 정부의 강압 통치와 정권의 부도덕성으로 대통령 직선제 개헌 및 민주화를 요구하는 시위가 지속되었다. 이로 인해 대통령 직선제를 수용하는 6 · 29 민주화 선언이 발표되고 5년 단임의 대통령 직선제가 개헌되었다.

17 ①

김원봉이 조직한 단체는 의열단이다. 조선 총독부(김익상), 종로 경찰서(김상옥), 동양 척식 주식회사(나 석주)에 폭탄을 투척하였다.

김구가 조직한 항일 단체는 한인 애국단이다. 일본 국왕 처단 시도(이봉창)와 상하이 홍커우 공원에 도시 락 폭탄 투척(윤봉길)을 하였다.

---

18 ③

보기는 1970년대 통일 정책 중 냉전의 완화로 인한 '7 · 4 남북 공동 성명'에 대한 내용이다.
① 1960년대, 중립화 통일론 · 남북협상론 제기
② 1980년대, 남한의 '민족화합 민주통일방안'과 북한의 '고려민주주의 연방공화국 방안' 제시
④ 1990년대, 남 · 북한 간에 '화해와 불가침 및 교류 협력에 관한 합의서' 채택, '한반도 비핵화 공동선언' 채택

---

19 ①

화폐 정리 사업은 1905년부터 1909년까지 일제의 주도로 대한제국 내 백동화와 엽전을 정리하고 일본 제일은행이 발행한 화폐로 대체한 것을 말한다.

---

20 ①

② 나석주는 의열단원으로 조선식산은행에 폭탄을 투척하였다.
③ 이봉창은 일본 천황에게 수류탄을 던져 암살을 시도하였다.
④ 김원봉은 무장투쟁을 전개하고 항일독립운동의 통합을 주창하였다.

---

21 ①

① 민족 말살 정책은 일제강점기에 조선의 전통 · 문화, 그리고 그에 기반을 둔 민족의식을 모두 말살함 으로써 조선인들을 철저히 일본인화하기 위해 실시한 것으로 일본식 성과 이름을 강요하고, 한글, 한국 어 사용을 금지하는 등의 일련의 정책들을 말한다.

22　④

강화도조약(1876년, 고종13년) → 갑신정변(1884년, 고종 21년) → 갑오개혁(1894년, 고종 31년) → 아관파천(1896년, 고종 33년)

23　③

제시문은 1948년 2월 백범 김구 선생이 남북 분단된 현실을 비판하고 남북협상을 추진하기 위해 발표된 설명이다.

① 1948년 5월 10일 대한민국 최초의 총선거가 실시되었다.

② 좌우합작위원회는 8·15광복 후 임시정부를 수립하기 위해 좌우 정파 정치인들이 1946년 합작해 구성한 협의기구를 말하며 1947년 12월에 좌우합작위원회는 공식해체되었다.

③ 1948년 2월 8일 북한은 '조선인민군' 창설을 선포하였다.

④ 1945년 12월 모스크바에서 미국, 영국, 소련 3국의 외상이사회가 열렸다.

24　③

8·3 조치를 통해 기업의 사채 상환을 동결시키고 이자율을 낮추어 기업에 특혜를 주었고 이로 인하여 정경유착의 부작용이 생겼다.

25　②

4·19 혁명 ··· 1960년 4월 19일에 일어난 반부정·반정부 항쟁으로 자유당 정권이 이기붕을 부통령으로 당선시키기 위하여 개표를 조작하자 이에 반발하여 부정선거 무효와 재선거를 주장하며 학생들이 중심이 되어 일으킨 혁명이다.

언어논리

1	2	3	4	5	6	7	8	9	10	11	12	13	14	15	16	17	18	19	20
③	⑤	③	①	⑤	④	⑤	②	⑤	③	②	①	③	④	③	②	④	④	③	③

21	22	23	24	25
⑤	⑤	①	②	⑤

1 ③

① 아직 정하지 못함
② 앞으로 일어날 일이나 해야 할 일을 미리 정하거나 생각함
③ 제도나 법률 따위를 만들어서 정함
④ 일을 확실하게 정함
⑤ 잘못된 것을 바로잡음

2 ⑤

① 무엇을 내주거나 갖다 바침
② 재료를 가지고 기능과 내용을 가진 새로운 물건이나 예술작품을 만듦
③ 소송을 제기함
④ 기계나 설비 또는 화학 반응 따위가 목적에 알맞은 작용을 하도록 조절함
⑤ 일정한 한도를 정하거나 그 한도를 넘지 못하게 막음

3 ③

① 새집에 들어가 삶
② 학생이 되어 공부하기 위해 학교에 들어감
③ 어떤 학문의 길에 처음 들어섬, 또는 그때 초보적으로 배우는 과정
④ 문자나 숫자를 컴퓨터가 기억하게 하는 일
⑤ 상을 탈 수 있는 등수 안에 듦

---

4 ①

① 원본을 베끼어 씀
② 사람이나 작품, 물품 따위를 일정한 조건 아래 널리 알려 뽑아 모음
③ 병정을 모집함
④ 사실을 왜곡하거나 속임수를 써 남을 해롭게 함, 또는 그런 일
⑤ 어떤 목적 아래 여러 사람이 모이는 일

---

5 ⑤

타다 … 몫으로 주는 돈이나 물건 따위를 받다.
① 다량의 액체에 소량의 액체나 가루 따위를 넣어 섞다.
② 탈것이나 짐승의 등 따위에 몸을 얹다.
③ 불씨나 높은 열로 불이 붙어 번지거나 불꽃이 일어나다.
④ 피부가 햇볕을 오래 쬐어 검은색으로 변하다.

---

6 ④

다루다 … 어떤 것을 소재나 대상으로 삼다.
① 일거리를 처리하다.
② 어떤 물건을 사고파는 일을 하다.
③ 어떤 물건이나 일거리 따위를 어떤 성격을 가진 대상 혹은 어떤 방법으로 취급하다.
⑤ 사람이나 짐승 따위를 부리거나 상대하다.

7 ⑤

농산물 수확량이 줄어들어 농산물 가격이 치솟는 현상이나 가축 폐사로 인해 고기값이 인상되는 현상은 사회·문화 현상과 인과 관계가 있음을 알 수 있다.

8 ②

주어진 대화는 '좋은 책이 갖추어야 할 조건'을 주제로 이루어지고 있다.

9 ⑤

①②③④ 위험한 처지나 어려운 상황에서 벗어나게 하다.
⑤ 어떤 상태를 증진하거나 촉진하다.

10 ③

공식적인 발언을 할 때에는 자신은 낮추고 청자는 높여서 표현해야 하므로 '본인 → 저, 여러분에게 → 여러분께'로 고쳐야 한다.

11 ②

① 잘못된 것이나 나쁜 것 따위를 고쳐 더 좋거나 착하게 만드는 것을 의미한다.
② 이미 있던 것을 고쳐 새롭게 함을 뜻한다.
③ 문서의 내용 따위를 고쳐서 바르게 하는 것을 이르는 말이다.
④ 마음이나 생활태도를 바로잡아 본디의 옳은 생활로 되돌아가거나 발전된 생활로 나아감
⑤ 중요한 내용이나 줄거리를 대강 추려내는 것을 의미한다.

12 ①

① 빠져서 없음을 의미한다.
② 가볍게 보는 것을 뜻한다.
③ 어떤 견해나 입장 따위를 굳게 지니거나 지킴
④ 업신여김을 뜻한다.
⑤ 모조리 잡아 없애는 것을 뜻한다.

13 ③

③ '솥을 깨뜨려 다시 밥을 짓지 아니하며 배를 가라앉혀 강을 건너 돌아가지 아니한다'는 뜻으로, 죽을 각오로 싸움에 임함을 비유적으로 이르는 말이다.

① 오륜(五倫)의 하나로 임금과 신하 사이의 도리는 의리에 있음을 뜻한다.

② 환경에 적응하는 생물만이 살아남고, 그렇지 못한 것은 도태되어 멸망하는 현상을 말한다.

④ '밤에는 부모의 잠자리를 보아 드리고 이른 아침에는 부모의 밤새 안부를 묻는다'는 뜻으로, 부모를 잘 섬기고 효성을 다함을 이르는 말이다.

⑤ 폐단의 근원을 완전히 뽑아 버려 다시 고치려는 것을 의미한다.

---

14 ④

빈칸 바로 뒤의 문장은 앞 문장의 내용에 대한 부정과 반박에 해당하므로 역접의 기능을 가진 '그러나'가 들어가는 것이 적절하다.

※ 접속 부사의 사용

㉠ 그리고, 또(한), 한편 : 앞 문장과 뒤 문장이 병렬 관계일 경우, 연쇄적·점층적 어구를 이어줄 경우

㉡ 그러나 : 앞말을 구체화하거나 부연할 경우, 앞말과 뒷말이 상반되는 내용일 경우

㉢ 그러므로, 따라서 : 앞말이 원인이고 뒷말이 결과일 경우

㉣ 그런데 : 화제를 전환할 경우

㉤ 그러면 : 앞의 내용을 다시 언급할 경우

---

15 ③

19세기 실험심리학의 탄생부터 독일에서의 실험심리학의 발전 양상을 설명하고 있는 글이다.

---

16 ②

고독을 즐기라고 권했으므로 '심실 속에 고독을 채우라'가 어울린다. 따라서 빈칸에 들어갈 알맞은 것은 고독이다.

17 ④

19세기말은 화가의 화풍의 변화가 일어나고, 경제학자들의 가치관에 변화가 일어났으며 법학자들의 법에 대한 접근법에도 변화가 일어났다. 따라서 괄호 안에는 '패러다임의 총체적 전환'이 들어가는 것이 가장 알맞다.

---

18 ④

④ 눈사람을 은유적으로 표현하고 있다.

---

19 ③

ⓒ 신문은 진실을 보도해야 한다 → ㉠ 정확한 보도를 위한 준칙 → ㉣ 준칙을 지켜야 하는 이유(이해관계에 따라 달라질 수 있는 보도내용) → ㉤ 진실 보도가 수난을 겪는 이유 → ㉡ 양심적인 언론인이 힘들어지는 이유

---

20 ③

㉠ 화제제시 → ㉡ⓒ㉣ 예시 → ㉤ 결론의 순서로 배열하는 것이 적절하다. 지식인에 대한 정의를 먼저 내리고 그와 관련한 일화를 들어 예시를 제시하면서 자신의 주장을 뒷받침하고 있다.

---

21 ⑤

⑤ 특수한 경험으로 도출된 전제가 반드시 결론을 보장하지는 않음을 보여주고 있다.

※ 연역법과 귀납법
　㉠ 연역법 : 이미 증명된 하나 또는 둘 이상의 명제를 전제로 하여 새로운 명제를 결론으로 이끌어내는 것을 말한다.
　㉡ 귀납법 : 개별적인 특수한 사실이나 원리로부터 그러한 사례들이 포함되는 좀 더 확장된 일반적 명제를 이끌어내는 것을 말한다.

22 ⑤

① 병따개는 2종 지레의 원리를 이용한 것이다.

② 1종 지레의 힘점과 작용점은 힘의 방향이 반대이며 2종 지레의 힘점과 작용점은 힘의 방향이 같다. 따라서 힘점과 작용점의 힘의 방향이 같은지와 다른지를 통해 1, 2종 지레를 구분할 수 있다.

③ 핀셋의 경우 3종 지레에 해당하며 3종 지레를 사용하면 짧은 거리를 움직여서 긴 거리를 움직이게 할 수 있다.

④ 1종 지레의 경우 작은 힘을 가하여 큰 힘을 얻을 수 있다.

⑤ 근육을 짧게 움직여 팔을 크게 움직일 수 있으므로 팔은 3종 지레의 원리로 움직인다고 할 수 있다.

---

23 ①

지레는 가운데에 어떤 점이 놓이느냐에 따라 1종, 2종, 3종으로 나뉘므로, '사물을 공통되는 성질에 따라 종류별로 가르다'는 의미를 지닌 '분류(分類)'가 들어간 '분류(分類)된다'로 바꿔 쓸 수 있다.

---

24 ②

이 글에서는 자성 물질의 자기장이 강할수록 성능이 우수해진다는 내용은 언급되어 있지 않다. 마지막 문단에서 M램은 고도로 집적했을 때 인접한 자성 물질에 영향을 주는 문제가 발생한다는 것으로 볼 때 자기장의 강도가 우수한 성능과 연결되는 것이 아님을 알 수 있다.

---

25 ⑤

빈칸에는 역접의 관계를 나타내는 '그러나'가 들어가는 것이 옳다.

1	2	3	4	5	6	7	8	9	10	11	12	13	14	15	16	17	18	19	20
④	③	④	③	①	③	①	①	①	①	③	③	③	②	②	④	①	③	②	④

1   ④

④ 2019년의 국내특급 택배는 9,421개에서 9,437개로 증가하였다.

---

2   ③

2020년 A회사의 성인 3명과 어린이 6명의 요금은 $(1450 \times 3) + (500 \times 6) = 7350$원
B회사의 요금은 $(1400 \times 3) + (600 \times 6) = 7800$원으로 A회사 버스가 더 저렴하다.

---

3   ④

④ 자료는 영외운행거리를 나타낼 뿐 D이병의 전입한 월을 알 수 없다.

---

4   ③

① 1중대 주간사격 평균 : $\dfrac{(17 \times 16) + (13 \times 14)}{17 + 13} = \dfrac{272 + 182}{30} \fallingdotseq 15.1$

　　2중대 주간사격 평균 : $\dfrac{(14 \times 18) + (16 \times 13)}{14 + 16} = \dfrac{252 + 208}{30} \fallingdotseq 15.3$

② 1중대 야간사격 평균 : $\dfrac{(17 \times 11) + (13 \times 13)}{17 + 13} = \dfrac{187 + 169}{30} \fallingdotseq 11.9$

　　2중대 야간사격 평균 : $\dfrac{(14 \times 15) + (16 \times 10)}{14 + 16} = \dfrac{210 + 160}{30} \fallingdotseq 12.3$

③④ 1중대 1소대 전체 평균 : $\dfrac{16 + 11}{2} = 13.5$

　　1중대 2소대 전체 평균 : $\dfrac{14 + 13}{2} = 13.5$

　　2중대 1소대 전체 평균 : $\dfrac{18 + 15}{2} = 16.5$

　　2중대 2소대 전체 평균 : $\dfrac{13 + 10}{2} = 11.5$

5 ①

20리터가 연료탱크 용량의 $\frac{2}{3} - \frac{1}{3} = \frac{1}{3}$ 에 해당한다.

휘발유를 넣은 직후 연료는 40리터가 있으므로

300km 주행 후 남은 연료의 양은 $40\text{L} - \dfrac{300\text{km}}{12\text{km/L}} = 40\text{L} - 25\text{L} = 15\text{L}$ 이다.

---

6 ③

갑이 당첨제비를 뽑고, 을도 당첨제비를 뽑을 확률 $\dfrac{4}{10} \times \dfrac{3}{9} = \dfrac{12}{90}$

갑은 당첨제비를 뽑지 못하고, 을만 당첨제비를 뽑을 확률 $\dfrac{6}{10} \times \dfrac{4}{9} = \dfrac{24}{90}$

따라서 을이 당첨제비를 뽑을 확률은 $\dfrac{12}{90} + \dfrac{24}{90} = \dfrac{36}{90} = \dfrac{4}{10} = 0.4$

---

7 ①

영미가 하루에 하는 일의 양을 x, 수철이가 하루에 하는 일의 양을 y라 하면

$$\begin{cases} x + y = \dfrac{1}{10} \\ 8x + 14y = 1 \end{cases} \Rightarrow \begin{cases} 10x + 10y = 1 \\ 8x + 14y = 1 \end{cases}$$

$x = \dfrac{1}{15}, \ y = \dfrac{1}{30}$

따라서 주어진 일은 영미 혼자서 15일 만에, 수철이 혼자서 30일 만에 끝낼 수 있다.

---

8 ①

500원짜리 과자의 개수를 x개라 하면 700원짜리 아이스크림의 개수는 $(20 - x)$개가 된다.

$500x + 700(20 - x) \leq 13{,}000$

$\therefore x \geq 5$

9 ①

① 한국인과 결혼한 외국인은 여성이 남성보다 많다.

---

10 ①

ⓒ 다문화 가정의 취학 학생 수가 26,015명에서 31,788명으로 약 22.2%가 증가하였다.

ⓔ 2013년에는 그 비중이 전년도에 비해 감소하였다.

---

11 ③

③ 사립고등학교와 국공립고등학교의 특수학급 설치율은 50%p이상 차이난다.

사립고등학교의 특수학급 설치율 = (56 / 494) × 100 = 11.34%

국공립고등학교의 특수학급 설치율 = (691 / 1,013) × 100 = 68.21%

---

12 ③

마이너스가 붙은 수치들은 전년도에 비해 지출이 감소했음을 뜻하므로 주어진 보기 중 마이너스 부호가 붙은 것을 찾으면 된다. 중학생 대상의 국·영·수 학원의 학원비 부담 계층은 대략 50세 이하인데 모두 플러스 부호에 해당하므로 전부 지출이 증가하였고, 30대 초반의 오락비 지출은 감소하였다.

---

13 ③

20 ~29세 인구에서 도로구조의 잘못으로 교통사고가 발생한 인구수를 k라 하면

$$\frac{k}{10\text{만 명}} \times 100 = 3(\%)$$

$k = 3,000$(명)

14 ②

60세 이상의 인구 중에서 도로교통사고로 가장 높은 원인은 운전자나 보행자의 질서의식 부족이고 49.3%를 차지하고 있으며, 그 다음으로 높은 원인은 운전자의 부주의이며 29.1%이다. 따라서 49.3과 29.1의 차는 20.2가 된다.

---

15 ②

2011년에는 야생동물 출현으로 인한 낙상피해가 늘어났다.

---

16 ④

2013년 발생한 전체 낙상피해는 350건이다.
이 중 부주의로 인한 낙상피해는 214건이므로
$$\frac{214}{350} \times 100 ≒ 61.1(\%)$$

---

17 ①

① 부산 : $517 - 436 = 81$
② 울산 : $536 - 468 = 68$
③ 대전 : $258 - 196 = 62$
④ 세종 : $330 - 269 = 61$

---

18 ③

① $261 + 361 = 622 < 673$
② $196 + 250 = 446 < 468$
③ $258 + 219 = 477 = 477$
④ $231 \times 2 = 462 < 486$

19 ②

나이별로는 50대, 학력별로는 초등학교·중학교 졸업한 사람들, 성별로는 여자가 믿는 확률이 높다.

20 ④

① 선호도가 높은 2개의 산은 설악산과 지리산으로 38.9＋17.9＝56.8(%)로 50% 이상이다.

② 설악산을 좋아한다고 답한 사람은 38.9%, 지리산, 북한산, 관악산을 좋아한다고 답한 사람의 합은 30.7%로 설악산을 좋아한다고 답한 사람이 더 많다.

③ 주 1회, 월 1회, 분기 1회, 연 1~2회 등산을 하는 사람의 비율은 82.6%로 80% 이상이다.

④ A시민들 중 가장 많은 사람들이 연 1~2회 정도 등산을 한다.

공간능력

1	2	3	4	5	6	7	8	9	10	11	12	13	14	15	16	17	18
①	④	③	②	①	④	③	④	①	②	④	②	③	④	③	①	②	③

※ 공간능력은 별도의 해설이 없습니다.

지각속도

1	2	3	4	5	6	7	8	9	10	11	12	13	14	15	16	17	18	19	20
②	①	②	①	①	③	④	②	③	①	①	①	②	①	①	④	③	④	②	③

21	22	23	24	25	26	27	28	29	30
②	②	④	②	①	①	②	①	②	①

1 ②

☺=ㄱ, ☼=ㅅ, ☾=ㅇ, ♈=ㅊ, ☉=ㅂ, ♂=ㅌ

2 ①

♂=ㅌ, ♎=ㅈ, ☺=ㄱ, ♀=ㄷ, ♈=ㅊ, ♒=ㄴ

3 ②

♊=ⓒ, ☺=ⓖ, ☆=ⓓ, ♌=ⓩ, ♂=ⓚ, ⌐=ⓜ

4 ①

☼=ⓢ, ☾=ⓞ, ♂=ⓚ, ☆=ⓓ, ♂°=ⓔ, ☉=ⓑ

5 ①

♌=ⓩ, ☼=ⓢ, ☾=ⓞ, ♂=ⓚ, ♂°=ⓔ, ⌐=ⓜ

6 ③

Θ4ζ ϑ↻4ϑβ ζ ⅀β Θζ β 4ϑΘζ ↻4

7 ④

Ⅎ ϰ И ᒥ П И ϗ Ρ ϰ Ρ И W ϗ П И ϗ ろ И ᒥ П ϰ ϰ ϰ

8 ②

ㅁ ㅡ ᄞ ᄇ ᄞ ⨈ ᄀ ᄁ Ⅱ 꾑 꾑 ᄞ ⨈ ㅈ ㅅ ㄴ ㄴ ᄞ ᄇ ᄛ

9 ③

ᄴ ⁊ Ⅹ Ⅹ ᐳ ᄒ ᄞ ⁊ Ⅹ ᄒ Ⅹ ⁊ ᐳ ᄽ ㅜ ᄞ ⁊ ᄒ ᐳ ○ Ⅹ ᄽ ᄒ ᄞ

10 ①

Ɛ = ⓗ, Ɽs = ⓟ, Ᵽ = ⓔ, Ƨ = ⓖ, Ɲ = ⓩ

11 ①

₮ = ㉣, ₪ = ㉢, ₤ = ㉦, ₡ = ㉥, ₩ = ㉤

12 ①

₠ = ㉣, ₭ = ㉡, ₫ = ㉠, ₣ = ㉠, ₴ = ㉢

13 ②

₣ = ㉠, ₭ = ㉡, ₩ = ㉤, ₤ = ㉦, **₮ = ㉣**

14 ①

₰ = ㉠, ₨ = ㉤, ₫ = ㉠, ₠ = ㉣, ₡ = ㉥

15 ①

W<u>e</u> can't run from who w<u>e</u> ar<u>e</u>. Our d<u>e</u>stiny choos<u>e</u>s us.

16 ④

Life's true in<u>t</u>e<u>n</u>t <u>n</u>eeds patie<u>n</u>ce.

17 ③

1.7320<u>5</u>0807<u>5</u>68877293<u>5</u>27446341

18 ④

$$\underset{n \to \infty}{\mathrm{Lim}} \frac{\sum_{k=1}^{n}\left(\dfrac{k}{n}\right)^4 \dfrac{1}{n}}{\sum_{k=1}^{n}\left(\dfrac{k}{n}\right)\dfrac{1}{n} \cdot \sum_{k=1}^{n}\left(\dfrac{k}{n}\right)^2 \dfrac{1}{n}}$$

---

19 ②

▽☆★○●◎◇◆□■△▲▽▼◁◀▷▶♤♠♡♥♧♣◉◆■◐○■▤

---

20 ③

군대 1개, 군수 0개, 극기 1개, 구조 1개

---

21 ②

ᅫᅰ기ㄲᅪ더ᅰ·ㅣㅡㅏᅫㅛ근**개**ᅡ피ㅐ

---

22 ②

Ế₵₣£ᵐℕℙₜₛℝₛ₩₪₫∈₭₮₯ₚ$₧

---

23 ④

<u>머</u>루나비<u>먹</u>이<u>무</u>리<u>만</u>두<u>먼</u>지<u>미</u>리<u>메</u>리나루<u>무</u>림

---

24 ②

GcAshH7<u>4</u>8vdafo25W6<u>4</u>1981

25 ①

갌겯겲게겛겶겗겤겦겔겋겇겘겦겕겿겤겏겋겧**겷**갞

26 ①

7 = 규, 3 = 겨, 4 = 고

27 ②

3 = 겨, 6 = 그, 9 = 교

28 ①

1 = 갸, 2 = 거, 5 = 기, 7 = 규

29 ②

0 = 가, 2 = 거, 4 = 고, 6 = 그, 8 = 구

30 ①

4 = 고, 5 = 기, 0 = 가, 8 = 구, 3 = 겨

한국사

1	2	3	4	5	6	7	8	9	10	11	12	13	14	15	16	17	18	19	20
④	③	③	②	④	③	③	②	①	④	②	①	②	④	④	③	④	②	①	④

21	22	23	24	25
①	①	④	④	②

1　④

지문의 내용은 폐정개혁 12개조의 내용 중 일부이다. 폐정개혁안은 동학농민운동 농민군과 정부가 화약 (전주화약)을 맺을 당시 요구한 조건으로 과부의 재가 허용, 신분제의 철폐, 조세제도 개선과 같이 이후 갑오개혁에 반영되었다.

2　③

지문의 내용은 1897년 고종이 러시아 공사관으로 피신한 아관파천 이후 환궁하면서 국호를 대한제국으로 바꾸고 칭제한 광무개혁의 내용이다.
① 1907년 7월 을사조약의 불법성을 폭로하고 한국의 주권 회복을 호소하기 위한 외교활동이다.
② 1905~1910년 사이에 전개된 국권 회복을 위한 실력양성운동이다.
④ 1910년 이회영, 이상룡 등이 서간도 삼원보에 국외독립운동기지를 건설하고, 1911년 자치기구인 경학 사와 군사교육을 담당할 신흥강습소가 설치되었다.

3　③

밑줄 친 '운동'은 물산장려운동(1922)이다. 물산장려운동은 3·1운동 후 개화한 근대 지식인층 및 대지주 들이 중심이 되어 물자 아껴 쓰기 및 우리 산업 경제를 육성시켜 민족경제의 자립을 달성하는 것을 목표 로 하였다.

4　②

신민회는 교육구국운동의 일환으로 정주의 오산학교, 평양의 대성학교, 강화의 보창학교 등을 설립하였 고 그 외 여러 계몽 강연이나 학회 운동 및 잡지·서적 출판운동, 민족산업진흥운동, 청년운동, 무관학교 설립과 독립군 기지 창건 운동 등에 힘썼다.

5 ④

자료는 최익현이 일본과 서양은 같다며(왜양일체론) 개항에 대해 반대하는 내용의 상소이다. 따라서 상소의 원인이 된 조약은 강화도 조약이다. 강화도 조약은 1876년 일본과 맺은 불평등 조약으로서 부산, 인천, 울산 3항구가 개항되고, 개항장에서 치외법권이 인정되었으며 일본의 해안측량권 또한 허가 되었다.

④ 최혜국대우는 1883년 조일 통상장정으로 체결되었다.

---

6 ③

만민 공동회 개최 – 각 계층의 시민들이 자발적으로 참여, 자주국권운동 전개, 근대적인 정치 개혁 요구
자유 민권 운동 건개 – 언론 집회의 자유, 국민의 신체와 재산권 보호 등을 요구
관민 공동회 개최 – 정부 대신들의 참여, 헌의 6조 제시, 근대적 의회 설립 추진
보안회는 애국 계몽 단체로서 일본의 황무지 개간권 요구를 저지하였다.

---

7 ③

이승만 정부의 부정부패와 경제 위기 상황에서 장기 집권을 시도한 것에 분노하여 1960년대 4 · 19혁명을 일으켰다.

① 전두환 정부의 강압 통치와 정권의 부도덕성(박종철 고문치사 사건)이 드러나서 발생
② 전두환 정부가 계엄령을 전국으로 확대하여 광주 학생들이 계엄령 확대에 저항함
④ 박정희 대통령이 피살당한 사건

---

8 ②

제시문은 애국 계몽 단체 중 하나인 신민회에 대한 설명이다.

① 대한 자강회의 활동
③ 을사의병(1905)과 관련된 인물이다.
④ 헌정 연구회의 활동

9 ①

갑신정변은 청의 내정 간섭 심화와 정부의 소극적인 개화정책에 불만을 배경으로 1884년에 발생한 사건이다.

한성조약(조선 – 일본) : 일본에 배상금 지불

톈진조약(청 – 일본) : 조선에서 청과 일본 양국의 군대 철수, 조선에 파병 시 상대국에 미리 알릴 것을 약속

---

10 ④

제시된 그림을 통해 모스크바 3국 외상 회의(1945. 12)를 유추할 수 있다.

모스크바 3국 외상 회의는 미·소·영의 외무 대표들이 모스크바에 모여 한반도의 문제를 논의한 것이다. 한국에 임시 민주 정부 수립, 미·소 공동 위원회 설치, 미·영·중·소에 의한 최대 5년 신탁 통치를 논의하였다.

민족주의 진영(우익)은 신탁 통치 반대 운동을 전개하였다.

사회주의 진영(좌익)은 신탁 통치를 반대했지만 후에 회의 결정을 지지하였다.

---

11 ②

운요호 사건을 빌미로 발생한 사건은 강화도 조약이다.

①④ 조선에서 일본의 영향력 확대를 견제하려는 청이 조선과 미국의 수교를 주선하여 조·미 수호 통상 조약(1882)을 체결하였다. 이 조약은 치외법권과 최혜국 대우를 규정한 불평등 조약이다.

③ 강화도 조약은 일본인들이 조선에서도 일본의 법에 의해 보호받을 수 있다는 치외법권을 인정한 조약이다.

---

12 ①

(가) 서울 올림픽(1988년)

(나) 베트남 파병(1964년) – 박정희 정부의 정책

(다) 대한민국 정부 수립(1948년)

(라) 5월 광주 민주화 항쟁(1980년) – 전두환 정부

13 ②

② 교육 정책은 일본어 중심의 교육으로 이루어졌으며 초등 교육과 실업 교육만을 실시하였다. 또한, 교원들에게도 제복을 입히고 칼을 차게 하였다.

---

14 ④

인천상륙작전은 1950년 9월 6·25전쟁 당시 국제 연합(UN)군이 인천에 상륙하여, 조선 인민군의 후방을 타격하고 이후의 전세를 일변시킨 군사 작전이다.

---

15 ④

동학농민 운동은 탐관오리의 횡포와 정부에 불만을 가진 농민들이 주도한 무장개혁 운동이다. 위 그림은 전봉준의 고부 농민 봉기를 나타낸 것이다. 전라도 고부 군수 조병갑의 부정과 비리에 불만을 가진 전봉준이 농민들을 이끌고 고부 관아를 습격하여 정부의 주도자를 탄압하였다. 전봉준, 김개남 등이 '보국안민'과 '제폭구민' 구호를 내걸고 백산에서 농민군을 조직하여 봉기한 사건이다.

---

16 ③

위 사진은 대한민국 임시 정부에서 발행한 애국 공채이다.
② 대한민국 임시 정부는 정무부가 아닌 군무부를 설치하여 만주 지역의 독립군과 연계하였다.

---

17 ④

보기는 횡성신문에 실린 장지연의 '시일야방성대곡'에 대한 내용이다. 이를 통해 발생한 사건으로 을사조약(1905)을 유추할 수 있다.
① 포츠머스 조약은 러·일전쟁(1904~1905)에서 일본의 승리로 인해 맺은 조약으로 일본이 대한제국에 대한 우월적인 지위를 획득하였다.
② 간도협약은 대한제국의 외교권을 강탈한 일본이 청과 맺은 조약이다.
③ 독립신문은 1896년에 창간되었다.
④ 고종이 헤이그에서 열린 만국 평화 회의에 특사를 파견하여 을사조약의 강압을 폭로하고자 하였다. (1907)

18 ②

① 1907년부터 1908년 사이에 나라의 부채를 국민들이 모금하여 갚기 위해 전개되었던 운동

③ 1920년대에 일제의 경제적 수탈정책에 항거하여 벌였던 범국민적 민족경제 자립실천운동으로 우리 상품의 소비를 장려하여 민족자본을 지원·육성하고자 한 운동

④ 1920년대 후반 만주와 중국지역에 분립되어 있던 독립운동단체들을 중심으로 추진된 독립운동 단체들의 통합운동

---

19 ①

밑줄 친 '조약'은 을사늑약이다. 일본은 1905년 을사늑약을 강요하여 대한 제국의 외교권을 강탈하였다. 을사늑약 체결에 반발하여 각지에서 의병 운동이 전개되었는데, 이를 을사의병이라고 한다.

---

20 ④

(가)는 1927년에 결성된 신간회이다. 1929년에 광주 학생 항일 운동이 일어나자 신간회는 현지에 조사단을 파견하고, 진상 보고를 위한 민중 대회를 개최하려 하는 등 광주 학생 항일 운동을 지원하였다.

---

21 ①

제시된 자료는 3·1 운동의 모습을 표현한 것이다. 3·1 운동의 전개과정은 총 3단계로 나눌 수 있는데, 1단계(점화기), 2단계(도시 확대기)는 비폭력주의를 내세웠으나, 3단계(농촌 확산기)에 이르면 무력적인 저항운동으로 변모하게 된다.

① 3·1 운동은 민주공화제의 대한민국 임시정부를 수립하는 계기가 되었다.

② 민족 유일당 운동을 촉발하는 계기가 되었던 것은 정우회 선언(1926)이다.

③ 민족자결주의의 대두, 제1차 세계대전 종전, 고종황제 독살 의혹 등이 3·1 운동의 배경이다.

④ 순종의 인산일을 기해 일어난 것은 6·10 만세운동(1926)이다.

22 ①

흥선대원군의 개혁정책

㉠ 세도정치를 타파하고 인재를 등용하였다.

㉡ 비변사의 기능을 축소하고 의정부, 삼군부의 기능을 부활시켰다.

㉢ 국가 재정 및 민생 안정을 위해 서원을 철폐하였다.

㉣ 대전회통, 육전조례 등 법전을 편찬하여 국가 체제를 정비하였다.

㉤ 조세의 형평성을 위해 호포제를 실시하고, 양전사업 등을 실시하였다.

㉥ 왕실의 위엄을 높이고자 경복궁을 중건하였다.

---

23 ④

제시된 자료는 '105인 사건'으로 이를 통해 1907년 결성된 비밀 결사 계몽 단체인 '신민회'임을 알 수 있다.

④ 대한자강회는 고종의 강제 퇴위 반대 운동을 전개하다 해산 당하였다.

① 신민회는 무장 투쟁도 활동의 목표로 삼았으며, 만주 지역에 독립군 기지 건설운동을 주도하였다.

② 신민회는 국권회복과 공화정체의 근대국민국가 건설을 목표로 하였다.

③ 신민회는 교육구국운동으로 오산학교, 대성학교 등을 설립하였다.

---

24 ④

7 · 4 남북공동성명(1972. 7. 4)[자주 · 평화 · 민족대단결의 3대 원칙)

㉠ 외세에 의존하거나 외세의 간섭을 받음이 없이 자주적으로 해결하여야 한다.

㉡ 서로 상대방을 반대하는 무력행사에 의거하지 않고 평화적 방법으로 실현하여야 한다.

㉢ 사상과 이념 및 제도의 차이를 초월하여 우선 하나의 민족으로써 민족적 대단결을 도모하여야 한다.

---

25 ②

직선제 개헌 요구가 높아지는 상황에서 전두환 정부는 1987년 4월 13일에 4 · 13 호헌 조치를 발표하여 직선제 개헌 요구를 거부하였다. 이에 호헌 철폐를 요구하는 시위가 전국으로 퍼져 나갔다. 이를 6월 민주 항쟁이라고 한다. 6월 민주 항쟁의 결과 대통령 직선제 개헌 등을 담은 시국 수습 방안이 발표되었다.

언어논리

1	2	3	4	5	6	7	8	9	10	11	12	13	14	15	16	17	18	19	20
⑤	⑤	①	②	③	③	⑤	④	②	⑤	④	②	①	④	④	③	①	⑤	③	④

21	22	23	24	25
③	④	①	④	⑤

1 ⑤

① 예를 들어 보임
② 어떠한 의사를 말이나 글러 나타내어 보임
③ 일러서 시킴
④ 여러 사람에게 알리기 위하여 내붙이거나 내걸어 두루 보게 함
⑤ 어떤 목표물에 주의를 집중하여 봄

---

2 ⑤

① 어떤 문제에 대하여 검토하고 협의함
② 맡아보던 일자리를 그만두고 물러날 뜻
③ 물어서 의논함
④ 일부러 하는 생각이나 태도
⑤ 어떤 말이나 사물의 뜻을 명백히 밝혀 규정함

3   ①

① 적의 기습이나 간첩활동 따위와 같은 예기치 못한 침입을 막기 위하여 주변을 살피면서 지킴

② 말이나 행동이 조심성이 없이 가벼움

③ 일정한 규칙 아래 기량과 기술을 겨룸

④ 겪어 지내온 여러 가지 일

⑤ 사람, 동물, 차량 따위가 일정한 거리를 달려 빠르기를 겨루는 일

---

4   ②

① 불이 나는 재앙이나 불로 인한 재난

② 나라와 나라 사이에 다툼 없이 가까이 지냄

③ 말을 잘하는 슬기와 능력

④ 총포 따위의 무기의 위력

⑤ 화약의 힘으로 탄알을 쏘는 병기

---

5   ③

낳다 … 배 속의 아이, 새끼, 알을 몸 밖으로 내놓다.

①② 어떤 결과를 이루거나 가져오다.

④⑤ 어떤 환경이나 상황의 영향으로 어떤 인물이 나타나도록 하다.

---

6   ③

뜨다 … 물속이나 지면 따위에서 가라앉지 않고 물 위나 공중에 있거나 위쪽으로 솟아오르다.

①② 감았던 눈을 벌리다.

④ 차분하지 못하고 어수선하게 들떠 가라앉지 않게 되다.

⑤ 착 달라붙지 않아 틈이 생기다.

---

7   ⑤

트위터를 통한 선거에 대한 의견 표출, UCC를 이용한 정치 과정 모니터링 등의 사례를 통해 참여 방식의 다원화에 따른 정치 참여 증가를 추론할 수 있다.

8 ④

'동지섣달에 베지기 적삼'은 '격에 어울리지 않는 상황을 이르는 말'이고, '상주보고 제삿날 다툰다'는 '잘 모르는 사람이 잘 아는 사람에게 자신의 의견을 고집함을 이르는 말'이다.

① 아무리 재미있는 일이라도 배가 불러야 흥이 나지 배가 고파서는 아무 일도 할 수 없음을 비유적으로 이르는 말

② 정작 애쓴 사람은 대가를 받지 못하고 딴 사람이 받는다는 말

③ 아무리 눌려 지내는 미천한 사람이나, 순하고 좋은 사람이라도 너무 업신여기면 가만있지 아니한다는 말

⑤ 말을 삼가야 함을 비유적으로 이르는 말

---

9 ②

① 담배를 끊으려는 시도를 했었는지 알 수 없다.

③ 도박을 한 적이 있었다는 것으로 보아 도박을 끊은 상태이다.

④ 자신의 의지로 도박에 빠진 것인지, 의지와 무관하게 빠진 것인지 알 수 없다.

⑤ 김씨가 어느 정도 흡연하는지 알 수 없다.

---

10 ⑤

주어진 자료는 도시의 에너지 흐름 및 순환, 온도 변화, 열의 이동 등에 관한 내용으로서, 에너지 절약형 도시 건축을 위한 제언의 글을 쓸 때 활용될 수 있다.

---

11 ④

제시된 글은 새로 나온 영어 학습 교재를 독자에게 소개하는 글의 일부로, 책의 용도, 구성, 학습 효과 등을 설명하고 있다. 언어 장애인을 치료하는 전문가였다는 소개의 내용은 이 책의 소개 내용과 아무 관계가 없으므로 삭제해야 한다.

---

12 ②

인과관계 … 어떤 결과를 가져오게 한 힘 또는 이러한 힘에 의해 결과적으로 초래된 현상에 관계하는 전개 방식이다('왜'에 초점).

13 ①

명불허전 ⋯ 이름이 날 만한 까닭이 있음. 명성이나 명예가 헛되이 퍼진 것이 아니다.
② 학식이 있는 것이 오히려 근심을 사게 되다.
③ 자세히 살피지 않고 대충대충 훑어 살피다.
④ 몹시 두려워 벌벌 떨며 조심하다.
⑤ 옥이나 돌 따위를 갈고 닦듯이 부지런히 학문과 덕행을 쌓다.

14 ④

제시된 글은 '성급한 일반화의 오류'를 범하고 있다. '성급한 일반화의 오류'는 제한된 정보, 불충분한 자료, 대표성을 결여한 사례 등 특수한 경우를 근거로 하여 이를 성급하게 일반화하는 오류이다.
① 애매어 사용의 오류
② 원천 봉쇄의 오류
③ 의도 확대의 오류
⑤ 무지에의 호소

15 ④

제시된 글의 '맡다'는 '어떤 일에 대한 책임을 지고 담당하다.'라는 뜻으로 쓰였다.
① 어떤 물건을 받아 보관하다.
② 면허나 증명, 허가, 승인 따위를 얻다.
③ 자리나 물건 따위를 차지하다.
⑤ 코로 냄새를 느끼다.

16 ③

① '달다'와 '쓰다', '삼키다'와 '뱉다'가 각각 서로 반의어이다.
② '가깝다'와 '멀다'가 서로 반의어이다.
④ '가다'와 '오다'가 서로 반의어이다.
⑤ '맞다'와 '때리다', '뻗다'와 '오그리다'가 각각 서로 반의어이다.

17 ①

'풀'과 '실'은 모두 고유어이고 두 단어가 결합한 '푸실' 또한 고유어이다. 고유어에는 우리 민족의 정서가 담겨 있고 뜻을 파악하기 쉽다는 장점이 있다.

---

18 ⑤

ⓒ과 ⓜ의 '문장은 알기 힘들다'와 '하지만'으로 ⓒ과 ⓜ이 연결되어 있다는 것을 유추할 수 있고, ㉠과 ㉣은 '원인'에서 연결되어 있다는 것을 알 수 있다.

---

19 ③

첫머리가 되는 문장은 ㉠과 ⓒ뿐이지만 ㉠은 '다음으로'라는 말로 시작하므로 문장의 중간이 된다. 따라서 '새의 알'에 대한 내용은 ㉠㉣ⓜ으로 접속어로 판단하면 ⓜ이 가장 타당하다. 다음으로 ⓜ의 '딱딱한 껍질'을 논점으로 하고 있는 것은 ⓒ과 ㉣이지만 접속어를 보면 ⓒ→㉣의 어순이 타당하다. 따라서 마지막 문장은 다른 논점으로 이야기를 바꾸고 있는 ㉠이 된다.

---

20 ④

④ 연금술이 중세기 때 번성했다는 사실은 나와 있지만 연금술이 언제 생겨났는지는 언급되어 있지 않다.

---

21 ③

③ '서양 자본주의 문화의 원리와 구조를 정확히 인식하지 못해'라는 문장의 앞부분과 내용의 흐름상 맞지 않는다.

---

22 ④

설명하는 이의 말 중에서 '굿판을 벌이는 가장 중요한 이유는 살아 있는 사람들이 복을 받고 싶기 때문이다'라는 표현을 통해서 굿의 현실적 의미가 가장 중시되고 있음을 알 수 있다.

23 ①

마지막 문단에 의하면 의성어·의태어는 대체로 호응하는 주어, 서술어가 한정되어 있다. 따라서 정답은 ①번이다.

24 ④

①, ②, ③, ⑤는 비감각적인 추상적 대상을 감각화해서 표현했고 ④는 구체적 대상을 시각화했다. 따라서 정답은 ④번이다.

25 ⑤

다음 글은 논제 제시, 노직의 정의에 대한 주장, 롤스의 정의에 대한 주장, 노직의 주장과 롤스의 주장의 공통점과 차이점으로 구성되어 있으므로 정답은 ⑤이다.

자료해석

1	2	3	4	5	6	7	8	9	10	11	12	13	14	15	16	17	18	19	20
①	①	④	①	③	④	①	①	④	④	③	③	④	④	③	④	①	③	③	②

1 ①

소아과를 방문한 환자 수를 x라 하면

$$\frac{x}{2400} \times 100 = 17(\%)$$

$x = 408(명)$

2 ①

① 표는 환자의 진료과목 비율을 나타낸 것으로 방문한 총 환자수를 알 수 없다면 연간 환자 수를 비교할 수 없다.

② 2017년 내과 진료비율이 32.6%로 가장 높다.

③ 응급실을 이용하는 환자의 비율은 21.1%→22.1%→24.3%→25.2%→26.4%로 점차 높아지고 있다.

④ 총 환자 수를 x라고 하면 $x \times \frac{42}{100} = 840$, $x = 2,000(명)$이다.

3 ④

남녀 성비가 4:6이므로 이 회사에 근무하는 남성은 160명, 여성은 240명이다. 남성의 10%인 16명이 걸어서 출근하고, 여성의 15%인 36명이 걸어서 출근하므로 이 회사에 걸어서 출근하는 사원은 총 52명이다.

---

4 ①

작년의 송전설비 수리 건수를 x, 배전설비 수리 건수를 y라고 할 때, $x+y=238$이다. 또한 감소 비율이 각각 40%와 10%이므로 올해의 수리 건수는 $0.6x$와 $0.9y$가 되며, 이것의 비율이 5:3이므로 $0.6x:0.9y=5:3$이 되어 $1.8x=4.5y$ ∴ $x=2.5y$가 된다.

두 연립방정식을 계산하면, $3.5y=238$이 되어 $y=68$, $x=170$이므로 작년 송전설비 수리 건수는 170건이다. 따라서 40% 감소한 올해의 송전설비 수리 건수는 $170 \times 0.6=102$건이다.

---

5 ③

A사탕통 한 통의 가격은 $\dfrac{36,000}{20}=1,800$ ∴ 사탕 한 개의 가격은 $\dfrac{1,800}{12}=150$원

B사탕통 한 통의 가격은 $\dfrac{40,000}{5}=8,000$ ∴ 사탕 한 개의 가격은 $\dfrac{8,000}{5}=1,600$원

따라서 A사탕통과 B사탕통의 사탕 1개 가격의 합은 1,750원

---

6 ④

1부터 20까지의 수를 모두 더하면 210이다. 20개의 수 중 임의의 수 a와 b를 지우고 a − 1, b − 1을 써넣은 후의 전체 수의 합은 210 − (a + b) + (a − 1 + b − 1) = 210 − 2 = 208이 된다. 그러므로 이 시행을 20번 반복한 후에 전체 수의 합은 처음 전체 수의 합 210에서 40이 감소한 170이 된다.

---

7 ①

제시된 히스토그램에서 40~50세 1명, 50~60세 1명이므로
즉위 당시의 나이가 40세 이상인 왕은 2명이다.

8 ①

상자의 개수를 x, 인형의 개수를 y라 하면

먼저 한 상자에 4개씩 담는 경우 인형 6개가 남는다고 하였으므로 $y=4x+6$이 된다.

또한 5개씩 담으면 상자 1개가 남는다고 하였으므로 상자에 꽉 채운 경우는 $5(x-1)$, 마지막 상자에 1개만 들어갈 경우이면 $5(x-2)+1$이 된다.

위의 두 식을 연립하면 $5x-9 \le 4x+6 \le 5x-5$에서 $11 \le x \le 15$이다.

따라서 10은 상자의 개수가 될 수 없다.

---

9 ④

남자가 한 명도 선출되지 않을 확률은 여자만 선출될 확률과 같은 의미이다.

$$\frac{_5C_2}{_{12}C_2} = \frac{5 \times 4}{12 \times 11} = \frac{5}{33}$$

---

10 ④

④ 수입품의 원화 표시 가격이 낮아져 국내 물가가 하락하기 때문에 서민들의 경제적 부담은 줄어들 수 있다.

---

11 ③

㉠ 농림 어업 인구 비중의 감소 폭은 1995년에서 2000년은 6.1% 차이(17.9-11.8), 2000년에서 2005년은 1.2% 차이, 2005년에서 2010년은 2.7% 차이로, 감소하다가 증가하는 모습을 보이고 있다.

㉢ 2.7%의 수치는 농림 어업 인구수가 아니라 농림 어업 인구의 비중의 차이를 말한다. 농림 어업 인구는 전체 취업자 수에서 비율로 따져야 비교할 수 있다.

---

12 ③

$$60 \times \frac{45}{100} = 27\,(\text{명})$$

13 ④

101동 : $20 \times \dfrac{90}{100} = 18$(명) 102동 : $100 \times \dfrac{15}{100} = 15$(명)

103동 : $40 \times \dfrac{50}{100} = 20$(명) 104동 : $50 \times \dfrac{40}{100} = 20$(명)

105동 : $60 \times \dfrac{45}{100} = 27$(명)

---

14 ④

① 커피전체에 대한 수입금액은 2008년 331.3, 2009년 310.8, 2010년 416, 2011년 717.4, 2012년 597.6으로 2009년과 2012년에는 전년보다 감소했다.

② 생두의 2011년 수입단가는(528.1 / 116.4 = 4.54) 2010년 수입단가(316.1 / 107.2 = 2.95)의 약 1.5배 정도이다.

③ 원두의 수입단가는 2008년 11.97, 2009년 12.06, 2010년 12.33, 2011년 16.76, 2012년 20.33로 매해마다 증가하고 있다.

---

15 ③

① 2010년 원두의 수입단가 = 55.5 / 4.5 = 12.33

② 2011년 생두의 수입단가 = 528.1 / 116.4 = 4.54

③ 2012년 원두의 수입단가 = 109.8 / 5.4 = 20.33

④ 2011년 커피조제품의 수입단가 = 98.8 / 8.5 = 11.62

---

16 ④

61~80% 학생들이 학원수강비로 지출하는 사교육비는 8.4만 원이고 31~60% 학생들이 학원수강비로 지출하는 사교육비는 11.6만 원으로 3.2만 원이 차이가 난다.

17 ①

① B의 최대 총점(국어점수가 84점인 경우)은 263점이다.

② E의 최대 총점(영어점수가 75점, 수학점수가 83점인 경우)은 248점이고 250점 이하이므로 보충수업을 받아야 한다.

③ B의 국어점수와 C의 수학점수에 따라 D는 2위가 아닐 수도 있다.

④ G가 국어를 84점 영어를 75점 받았다면 254점으로 보충수업을 받지 않았을 수도 있다.

---

18 ③

바이오매스, 태양광, 풍력 등을 신·재생에너지라고 하는데 이 신·재생에너지를 이용한 전력 생산은 화석 연료를 이용한 발전에 비하여 직접 비용이 크지만, 환경에 미치는 피해는 적기 때문에 외부 비용은 낮다.

---

19 ③

고도의 기술력을 요구하는 첨단 산업과 고부가가치 산업의 수출 비중이 커지고 있다. 반도체는 신속한 이동을 필요로 하며, 무게나 부피에 비해 부가가치가 매우 커 주로 항공기를 이용한다.

① 총 수출액 중 5대 수출 품목의 비중은 점점 증가하고 있다.

② 반도체는 항공기를 이용하므로 항공을 이용한 수출 화물의 운송량은 증가하고 있다.

④ 수출품의 운반거리는 항공기 등의 이용을 통해 늘어남을 알 수 있다.

---

20 ②

① 연도별 자동차 수 $= \dfrac{\text{사망자 수}}{\text{차 1만대당 사망자 수}} \times 10{,}000$

② 운전자수가 제시되어 있지 않아서 운전자 1만 명당 사고 발생 건수는 알 수 없다.

③ 자동차 1만 대당 사고율 $= \dfrac{\text{발생건수}}{\text{자동차 수}} \times 10{,}000$

④ 자동차 1만 대당 부상자 수 $= \dfrac{\text{부상자 수}}{\text{자동차 수}} \times 10{,}000$

1	2	3	4	5	6	7	8	9	10	11	12	13	14	15	16	17	18		
④	④	③	②	①	③	③	④	①	②	①	②	③	④	③	①	②	③		

※ 공간능력은 별도의 해설이 없습니다.

1	2	3	4	5	6	7	8	9	10	11	12	13	14	15	16	17	18	19	20
②	①	①	①	②	③	③	④	①	①	②	①	①	②	②	②	③	④	②	③

21	22	23	24	25	26	27	28	29	30										
②	②	④	②	③	①	①	①	①	②										

1 ②

◆=ⓚ, ☆=ⓒ, ☎=ⓘ, ○=ⓓ, ■=ⓕ, @=ⓐ

2 ①

☎=ⓘ, ☆=ⓒ, ♨=ⓔ, ◆=ⓚ, @=ⓐ, ↔=ⓖ

3 ①

1↔=ⓖ, ☎=ⓘ, ☆=ⓒ, ◆=ⓚ, ♨=ⓔ, ♡=ⓛ

4 ①

■=ⓕ, @=ⓐ, ♡=ⓛ, ☆=ⓒ, ♨=ⓔ, ○=ⓓ

5 ②

◑=ⓙ, @=ⓐ, ♡=ⓛ, ♨=ⓔ, ◆=ⓚ, ○=ⓓ

6 ③

м д е х т у ф ч ш б **в** г л е **в** д п **в** ш й

7 ③

ㅂ ㅜ ㅔ ㅇ ㅐ ㅇ ㅊ ㅎ ㅎ ㅣ ㅊ ㅎ ㅌ ㅜ ㅈ ㅊ ㅑ ㅂ ㅎ ㅇ ㅣ ㄴ ㄷ ㄹ

8 ④

ㅇ ㅇ ㅎ ㅐ ㄴ ㅇ ㅈ ㅇ ㅅ ㅎ H H ㅎ ㅐ ㄴ ㅇ ㅈ ㅎ ㅅ H ㅈ H ㅑ ㅐ ㅎ

9 ①

ㅑ ㅆ ㅕ ㅔ ㅔ ㅔ ㅅ ㅅ ㅆ ㅅ ㅇ ㅆ ㅆ ㅕ ㅆ ㅅ ㅅ ㅆ ㅆ ㅅ ㅑ ㅕ ㅃ

10 ①

S=@, S=@, I=♥, D=♠, V=%

11 ②

J=★, T=♣, C=$, T=♣, D=♠

12 ①

〰 = ①, ♟ = ②, ✉ = ③, 📂 = ④, 🔔 = ⑤

13 ①

📷 = ⑥, 📄 = ⑦, 📖 = ⑧, 💣 = ⑨, ✏ = ⑩

14 ②

☺ = ⑪, ☽ = ⑫, ☎ = ⑬, ✂ = ⑭, ♟ = ②

15 ②

$\square = ④$, 📷 $= ⑥$, 📖 $= ⑧$, 💣 $= ⑨$, 🕐 $= ⑪$

---

16 ②

$x^3\,\underline{x^2}\,z^7\,x^3\,z^6\,z^5\,x^4\,\underline{x^2}\,x^9\,z^2\,z^1$

---

17 ③

두 쪽**으로** 깨뜨**려**져도 소**리**하지 않는 바위가 되**리라**.

---

18 ④

AWGZXT**S**D**S**V**S**RD**S**QDTWQ

---

19 ②

제**시**된 문제를 잘 읽고 예제와 같은 방식으로 정확하게 답하**시**오.

---

20 ③

100105876254602**6**873217

---

21 ②

↗ ←—→ ↘ ↑ → ↓ ↘ → ↗ → ↗ ↗ ↗ ← ↘ ↓ ↑ ↑ ←↑

---

22 ②

2.7182818284590452353602**8**

23 ④

제시된 기호 ⊡는 오른쪽 기호열에 없다.

---

24 ②

가가사차**자**가**자**아마아차바

---

25 ③

영변에 약산 진**달래**꽃 아**름** 따다 가**실** **길**에 뿌**리**우**리**다

---

26 ①

A = 예, P = 높, W = 특, G = 표, J = 활

---

27 ①

D = 약, S = 도, D = 약, O = 글, Q = 유

---

28 ①

F = 해, G = 표, J = 활, A = 예 , S = 도

---

29 ①

Q = 유, S = 도, O = 글, J = 활, F = 해

---

30 ②

S = 도, S = 도, D = 약, P = 높, W = 특

한국사

1	2	3	4	5	6	7	8	9	10	11	12	13	14	15	16	17	18	19	20
③	④	③	④	③	③	②	④	③	①	③	④	②	①	②	②	④	②	④	④

21	22	23	24	25															
④	①	④	①	④															

1   ③

자료의 내용은 헤이그 특사 파견에 대한 내용이다. 고종황제는 을사늑약의 부당함을 알리기 위해 네덜란드 헤이그에 이상설을 비롯한 특사를 파견하였으나, 일제의 방해에 의해 무산된 후 정미 7조약(한일신협약)에 의해 강제퇴위 되고 대한제국군대 또한 해산이 된다. 이에 반발하여 국내 의병은 이인영을 중심으로 경기도 양주에 모여 서울진공작전을 계획하나 실패하게 된다.
③ 헤이그 특사 이전의 내용이다.

2   ④

위의 내용은 대한민국 임시정부의 대일선전성명서이다. 따라서 그 휘하 부대인 한국광복군에 대한 내용이다. 한국광복군은 대일선전포고 이후 인도, 미얀마 전선에서 영국군과 연합작전을 벌이거나 미국전략정보처(O.S.S)와 협약을 맺어 국내 진입작전을 준비하는 등 임시정부 휘하 부대로서 활동하였다.

3   ③

제시된 자료는 사사오입 개헌안의 내용으로 이승만 정권에서 발표한 개헌안이다.
③ 1964년 박정희 정권에서 혁신계 인사들이 인민혁명당을 만들어 북한에 동조하려 했다는 혐의로 탄압한 사건이다.

4 ④

자료의 법은 1949년 6월 21일 법률 제31호로 제정된 '농지개혁법'이다.

1945년 8월 해방된 남한의 당면 과제는 지주적 토지 소유, 식민지 지주제 철폐를 내용으로 하는 토지개혁이었다. 농지개혁법은 6 · 25전쟁으로 중단되었다가 1957년에 완수된 토지개혁으로 농사를 짓는 사람이 농지를 소유하는 경자유전(耕者有田)의 원칙을 실현하였다. 이를 실현하기 위하여 남한은 유상매수와 유상분배를 원칙으로 시행하였다. 이로 인해 과거 중세적 · 지주적 토지 소유가 폐지되었다.

④ 북한은 1946년 3월 5일을 기해 '무상몰수 무상분배'의 원칙 아래 일본인과 조선인 지주의 토지를 몰수한 후 이를 소작 농민이나 소농 등에 분배하였다.

---

5 ③

보기의 사진은 흥남해변에서 미 수송선 LST-845를 타고 흥남에서 철수하는 장면이며, 노래는 '군세어라 금순아'로써 전쟁으로 피난 중에 가족이 흥남부두에서 헤어진 내용이다. 따라서 이 사건은 흥남철수에 대한 내용이다. 흥남철수의 원인은 1950년 11월 말 북진통일을 눈앞에 둔 상황에서 중국군의 전면적인 참전으로 인해 발생하였다.

---

6 ③

① 1894년 조선 지배권을 놓고 일본과 중국이 벌인 전쟁

② 제2차 세계 대전 당시 일제가 일으킨 전쟁

④ 1931년 9월 일제의 만주 침략 사건

※ 러 · 일 전쟁(1904~1905) … 만주와 한반도를 둘러싼 러시아와 일본의 대립이 심화→ 일본이 영국과 동맹 체결 후 러시아 공격→ 일본의 승리, 포츠머스 조약 체결(1905)

---

7 ②

물산 장려 운동 – 경제적 자립을 위해 국산품 애용으로 민족의 경제력을 기르자는 운동

① 문맹에서 벗어나기 위한 농촌 계몽 운동

③ 사회 차별 철폐 운동

④ 우리 힘으로 대학을 설립하자는 운동

8   ④

① 1970년대

② 1980년대

③ 1960년대, 천리마 운동 – 노력과 경쟁을 통해 생산을 증대시키기 위한 노동강화운동

---

9   ③

① 노동운동가 전태일의 분신사건(1970년)으로 근로기준법을 준수하며 근로 조건이 개선되었다.

② 복지 제도의 확대 – 사회 보장 정책(국민연금, 기초 생활 보장), 의무 교육 실시

③ 6월 민주 항쟁 이후 언론의 자유가 신장하였다.

④ 이촌 향도 현상으로 노동력 부족, 도시와의 소득 및 문화 격차가 심화되는 문제가 발생하였다.

---

10   ①

동학 농민 운동(1894)은 탐관오리의 횡포와 정부에 대한 불만, 청과 일본의 경제 침탈이 심화되어 농민들이 군을 조직하여 일으킨 사건이다.

전주성을 점령한 봉기군에게 고종이 해산하라는 명령을 내렸지만 해산하지 않자 청에 군대를 요청하였다. 갑신정변(1884)때 맺은 톈진조약(조선에 군을 파병하면 상대국에게 알림)으로 청의 군대가 도착하자 일본도 군대를 보내왔다. 이후 폐정 개혁을 조건으로 정부와 전주 화약을 체결하고 농민군이 자진 해산하면서 전라도 각지에 집강소를 설치하였다.

---

11   ③

1960년대 – 중립화 통일론 · 남북협상론 제기

1970년대 – 냉전의 완화로 인해 '7 · 4 남북공동성명' 발표

1980년대 – 남한의 '민족화합 민주통일방안과 북한의 '고려민주주의 연방공화국 방안' 제시

1990년대 – 남 · 북한 간에 '화해와 불가침 및 교류 협력에 관한 합의서' 채택, '한반도 비핵화 공동선언' 채택

12 ④

① 한글날을 제정하고 한글 잡지를 발행하였다.

② 1934년 한국의 역사와 문화 연구를 위해 설립된 학술단체

③ 1925년 일제가 한국사를 연구 편술하기 위해 조선 총독부 부설로 설치한 한국사 연구기관

---

13 ②

임시 정부의 대통령으로 이승만이, 국무총리로 이동휘가 집권해 있었다.

서울(한성 정부), 상하이(임시 정부), 블라디보스토크(대한 국민 의회) 등에 임시 정부가 위치해 있었다.

① 상하이 지역은 일제의 영향력이 약하고 외교활동에 유리했다.

③ 민족 말살 통치 시기(1930년대~광복) 당시 일본의 인적·물적 자원 수탈 중 국가 총동원법에 대한 내용이다.

④ 한국 독립 문제를 국제 여론화하기 위해 파리 강화 회의에 김규식을 파견하여 독립 청원서를 제출하고, 이승만이 미국에 구미위원부를 설치하였다.

---

14 ①

박문국 – 출판 인쇄, 기기창 – 무기 제조, 전환국 – 근대적 화폐 발행, 광혜원 – 의료 시설

---

15 ②

일제는 1912년에 한국인에게만 차별적으로 적용되는 조선 태형령을 제정하였다. 1919년에 3·1 운동이 일어났고, 1920년에 일제는 조선 태형령을 폐지하였다.

---

16 ②

자료는 반민족 행위 처벌법이다. 반민족 행위 처벌법은 5·10 총선거의 결과로 구성된 제헌 국회에서 제정되었다.

17 ④

그림은 대통령 직선제 개헌(1987)을 보도한 신문 기사이다.

※ 6월 민주 항쟁의 전개 … 대통령 직선제 개헌 및 민주화를 요구하는 시위 지속→4 · 13 호헌 조치→대통령 직선제 개헌 요구 대규모 집회→6 · 29 민주화 선언 발표→5년 단임의 대통령 직선제 개헌→노태우 대통령 당선

6 · 25 전쟁(1950), 4 · 19 혁명(1960), 한 · 일 협정 체결(1965), 4 · 13 호헌 조치(1987), 서울 올림픽(1988)

---

18 ②

1946년 제헌국회에서 제정한 것이다.

※ 농지 개혁법의 주요 내용
    ㉠ 1가구당 최대 농지 소유 면적을 3정보로 제한한다.
    ㉡ 3정보 이상의 소유 농지는 정부가 '지가 증서'로 유상 매수하고 농민에게 유상 분배한다.

---

19 ④

흥선대원군의 개혁 정치로는 통치 체제 정비, 경복궁 중건, 서원 정리가 있다. 이는 왕권 강화, 국가 재정 확보, 노론 억압을 목적으로 이루어진 것이다.
- 정치 개혁 – 안동 김씨 세력 축출, 비변사 폐지, 능력에 따른 인재 등용
- 경제 개혁 – 양전(토지 측량) 실시, 호포제(양반에게 군포 부과) 실시, 사창제 실시(환곡제 폐지), 서원 정리
    ㉡ 서원 유지가 아닌 서원 철폐가 흥선대원군의 개혁정치이다.

---

20 ④

토지 조사 사업 : 지주제의 강화로 소작농이 증가하고 농민층이 몰락함
산업 침탈 : 전매 제도 실시로 조선 총독부의 수입이 증가하고 민족 산업이 침체됨
산미 증식 계획 : 일본의 식량 부족 문제를 한반도에서 해결하고자 함
경제 침탈 확대 : 회사령 철폐로 일본 기업이 한국에 자유롭게 투자할 수 있도록 신고제로 변경하였으며, 한국의 값싼 노동력을 이용하였다.

21 ④

독립문은 1896~1897년에 건립되었다.

① 1896년

② 1897년, 고종이 1년 만에 경운궁(덕수궁)으로 환궁

③ 1897년~1907년, 고종이 황제에 등극하고 대한제국을 선포 후 시작

④ 서양 열강의 이권 침탈이 심화되었다.

---

22 ①

강화도 조약

㉠ 1876년 운요호사건을 계기로 맺은 우리나라 최초의 근대적 조약이다.

㉡ 부산, 원산, 인천 등 세 항구의 개항이 이루어졌다.

㉢ 치외법권, 해안측량권, 통상장정의 체결을 내용으로 하며, 일본의 침략 발판을 위한 불평등 조약이다.

---

23 ④

독립 협회… 서재필 등이 자유민주주의적 개혁사상을 민중에게 보급하고 국민의 힘으로 자주 독립 국가를 건설하기 위하여 1896년 창립한 단체이다. 근대사상과 개혁사상을 지닌 진보적 지식인과 도시 시민층이 중심이 되어 강연회와 토론회를 개최하였으며, 독립신문과 잡지 등을 발간하고 자주 국권, 자유 민권, 국민 참정권 운동을 전개하였다.

---

24 ①

4·19 혁명… 1960년 4월 우리나라 헌정사상 최초로 학생들이 중심세력이 되어 자유민주주의를 수호하기 위해 불의의 독재 권력에 항거한 혁명으로 자유당 정권의 부정선거로 인해 학생과 시민 중심의 전국적인 시위가 발생하였으며 그 결과 이승만 정권은 붕괴되었다.

---

25 ④

1972. 7. 4 남북공동성명… 1972년 7월 4일 남북한 당국이 국토분단 이후 최초로 통일과 관련하여 합의 발표한 역사적인 공동성명을 말한다. 이 시기에는 자주, 평화, 민족적 대단결의 통일을 위한 3대 원칙, 남북한 제반교류 실시, 남북 적십자 회담 협조, 서울과 평양 사이 상설직통전화 개설, 남북조절위원회 구성 등이 이루어졌다.

CHAPTER 01 인지능력평가

언어논리

1	2	3	4	5	6	7	8	9	10	11	12	13	14	15	16	17	18	19	20
②	③	④	③	③	①	③	②	①	⑤	④	③	②	⑤	②	④	①	⑤	①	①

21	22	23	24	25
⑤	①	⑤	④	③

1 ②

① 생각이나 판단력이 분명하고 똑똑함
② 병, 근심, 고생 따위로 얼굴이나 몸이 여위고 파리함
③ 용기나 줏대가 없어 남에게 굽히기 쉬움
④ 마음이나 기운이 꺾임
⑤ 품위나 몸가짐이 속되지 아니하고 훌륭함

2 ③

① 강한 힘이나 권력으로 강제로 억누름
② 자기의 뜻대로 자유로이 행동하지 못하도록 억지로 억누름
③ 위엄이나 위력 따위로 압박하거나 정신적으로 억누름
④ 폭력으로 억압함
⑤ 무겁게 내리누름, 참기 어렵게 강제하거나 강요하는 힘

3 ④

① 가엾고 불쌍함
② 터무니없는 고집을 부릴 정도로 매우 어리석고 둔함
③ 간절히 생각하며 그리워함
④ 훈련을 거듭하여 쌓음
⑤ 의지나 사람됨을 시험하여 봄

4 ③

① 주로 어린아이들이 재미로 하는 짓. 또는 심심풀이 삼아 하는 짓.

② 식물이 잘 자라도록 땅을 기름지게 하기 위하여 주는 물질.

③ 남을 복종시키거나 지배할 수 있는 공인된 권리와 힘.

④ 목숨을 아끼지 않고 쓰는 힘.

⑤ 의심스럽게 생각함. 또는 그런 문제나 사실.

---

5 ③

③ 속에 들어 있는 기체나 액체를 밖으로 나오게 하다.

① 박힌 것을 잡아당기어 빼내다.

② 무엇에 들인 돈이나 밑천 따위를 도로 거두어들이다.

④ 원료나 재료로 길게 생긴 물건을 만들다

⑤ 여럿 가운데에서 골라내다.

---

6 ①

① 어떤 경우, 사실이나 기준 따위에 의거하다.

② 다른 사람이나 동물의 뒤에서 그가 가는 대로 같이 가다.

③ 앞선 것을 좇아 같은 수준에 이르다.

④ 남이 하는 대로 같이 하다.

⑤ 어떤 일이 다른 일과 더불어 일어나다.

---

7 ③

작업으로서의 일은 생존을 위해 물질적으로는 물론 정신적으로도 풍요한 생활을 위한 도구적 기능을 담당한다.

---

8 ②

② 두 문장에 쓰인 '물다'의 의미가 '윗니와 아랫니 사이에 끼운 상태로 상처가 날 만큼 세게 누르다.', '이, 빈대, 모기 따위의 벌레가 주둥이 끝으로 살을 찌르다.'이므로 다의어 관계이다.

①③④⑤ 두 문장의 단어가 서로 동음이의어 관계이다.

9 ①

① '차차 젖어 들어가다'라는 뜻이다.

② 액체 속에 존재하는 작은 고체가 액체 바닥에 쌓이는 일을 말한다.

③ 비, 하천, 빙하, 바람 따위의 자연 현상이 지표를 깎는 일을 말한다.

④ 밑으로 가라앉는 것을 의미한다.

⑤ 가라앉아 내림을 뜻하며 침강과 비슷한 말이다.

---

10 ⑤

⑤ 유행, 풍조, 변화 따위가 일어나 휩쓴다는 의미를 갖는다.

①②③④ 입을 오므리고 날숨을 내어보내어, 입김을 내거나 바람을 일으킨다는 의미를 갖는다.

---

11 ④

ⓔ 과소비와 비슷한 말인 과시 소비라는 용어를 제시한 후 ⓛ 과시 소비라는 용어에 대해 설명하고 ⓣ 이러한 과시 소비를 문제로 지적하지 않고 오히려 과시 소비를 하는 자를 모방하려 한다는 내용과 모방 본능이 모방소비를 부추긴다는 내용을 제시한 후 ⓒ 모방소비라는 용어를 설명하며 이러한 모방소비가 큰 경제 악이 된다는 내용을 끝으로 글이 전개되는 것이 옳다.

---

12 ③

ⓔ 등장수축에 대한 설명 – ⓣ 등척수축에 대한 설명 – ⓜ 등척수축의 예 – ⓒⓛ 등척수축의 원리(탄력섬유의 작용)

---

13 ②

'워프(Whorf) 역시 사피어와 같은 관점에서 언어가 우리의 행동과 사고의 양식을 주조(鑄造)한다고 주장한다'라는 문장을 통해 언어가 우리의 사고를 결정한다는 것을 확인할 수 있다.

---

14 ⑤

첫 번째 괄호는 바로 전 문장과 반대 되는 내용이 뒤에 문장에 나오므로 '반면에'가 적절하다. 두 번째 괄호는 앞의 내용이 뒤의 내용의 이유나 원인이 되므로 '그러므로'가 적절하다.

15 ②

우리의 전통윤리가 정(情)을 바탕으로 하고 있기 때문에 자기중심적인 면이 강하고 공과 사의 구별이 어렵다는 것을 이야기 하고 있다.

---

16 ④

팔방미인(八方美人)

㉠ 어느 모로 보나 아름다운 사람

㉡ 여러 방면에 능통한 사람을 비유적으로 이르는 말

㉢ 한 가지 일에 정통하지 못하고 온갖 일에 조금씩 손대는 사람을 놀림적으로 이르는 말

---

17 ①

제시문은 춘향전의 일부로, 춘향이의 행동 묘사를 통해 성격을 추측해 볼 수 있는 부분이다.

※ **춘향전**

㉠ **연대** : 조선 후기

㉡ **갈래** : 고전소설, 판소리계소설, 염정소설

㉢ **성격** : 서사적, 운문적(3.4조, 4.4조 바탕), 해학적, 풍자적

㉣ **시점** : 전지적 작가 시점

㉤ **주제** : 신분을 초월한 사랑과 정절(貞節), 계급을 초월한 사랑과 여인의 정절

---

18 ⑤

'표현하다'의 유의어는 '나타내다'이다.

---

19 ①

어미 쥐에게 사자보다 더 무서운 것은 매일 자신을 위협하던 고양이다. 이는 식견이 좁아 세상일을 넓게 보지 못하는 데서 벌어지는 판단이다.

20 ①

이 글에서 '사람과 같은 감정'이란 의식적인 사고가 따르는 2차 감정을 의미한다고 하였다. 새끼 거위가 독수리 모양을 보고 달아나는 것은 공포감으로, 이것은 본능적인 차원의 1차 감정에 해당된다. 그러므로 ①은 밑줄 친 부분의 근거가 될 수 없다.

---

21 ⑤

① 문단의 앞부분에서 문화의 타고난 성품이 기원, 설명, 믿음임을 알 수 있다.
② 마지막 부분에서 신화는 단지 신화일 뿐 역사나 학문, 종교, 예술자체일 수는 없다고 말하고 있다.
③④ 신화는 역사, 학문, 종교, 예술과 모두 관련이 있다.

---

22 ①

작중 화자는 화가로 "인간의 근원에 대해 생각을 깊이 하지 않으면 안 된다는 느낌이 깊었다"라고 말하면서 그것을 화필과 붓을 사용하여 나타내고자 한다는 것을 알 수 있다.
① 전후의 허무 의식에서 벗어나려는 실존적 자각(자아 발견)과 건설적인 휴머니즘을 추구한다.
② 고대 그리스·로마의 고전 작품들을 모범으로 삼고 거기에 들어 있는 공통적인 특징들을 재현하려는 경향이다.
③ 절대적인 진리나 가치 등이 존재하지 않는다고 여기는 경향을 의미한다.
④ 인생의 목적을 쾌락에 두고 이를 행동과 의무의 기준으로 삼는 경향을 의미한다.
⑤ 미의 창조를 목적으로 하며 유미주의라고도 한다.
※ 이청준의 「병신과 머저리」
　　⊙ 갈래 : 액자소설, 단편소설
　　ⓒ 배경 : 1960년대, 화실과 병원
　　ⓒ 시점 : 1인칭 주인공 및 1인칭 관찰자 시점
　　ⓔ 주제 : 서로 다른 삶의 방식을 가진 두 형제의 아픔과 극복과정

---

23 ⑤

작중 화자는 인간본질을 알고자 하며 그것을 그림으로 표현하려고 하나 뚜렷하게 나타내지 못하고 외곽선만 그려놓은 상태이다. 이는 의도하는 바는 있으나 형상이 잡히지 않은 화자의 모습을 대변하고 있다.

24 ④

ⓗ 매놓은 자전거를 풀어서 ⓛ 몰고 다닌 후 ⓒ 퇴근해 돌아오기 전에 ⓔ 갖다 놓았으므로 순서는 ⓗⓛⓔ
ⓒ가 된다.

---

25 ③

글쓴이는 이 영화를 통해 미국 사회의 문화적 상황에 대해 설명하면서, 미국 영화는 당대의 시대정신과
문화를 반영하고 있다는 말을 하고 있다.

자료해석

1	2	3	4	5	6	7	8	9	10	11	12	13	14	15	16	17	18	19	20
②	④	②	②	③	④	①	②	④	④	④	④	③	③	①	①	①	①	④	④

---

1 ②

② 영업수익이 가장 낮은 해는 2017년이고 영업비용이 가장 높은 해는 2021년이다.

① 총수익이 가장 높은 해와 당기순수익이 가장 높은 해는 모두 2019년이다.

③ 총수익 대비 영업수익이 가장 높은 해는 96.5%로 2020년이다. 2020년 기타 수익은 1,936억 원으로
2,000억 원을 넘지 않는다.

④ 총비용 대비 영업비용의 비중은 2019년 : 91.7%, 2020년 : 90.4%, 2021년 : 90.9%로 모두 90%를 넘는다.

---

2 ④

ⓗ 조건에 따라 캔 커피와 주먹밥은 A, B임을 알 수 있다.

ⓛ 조건에 따라 오렌지주스와 참치 맛 밥은 D, E임을 알 수 있다.

ⓗⓛ과 ⓒ을 바탕으로 B는 주먹밥, D는 오렌지주스임을 알 수 있으면 C는 생수가 된다.

---

3 ②

합격률 공식에 따르면 기능장 필기시험의 합격률은 $\frac{9,903}{21,651} \times 100 = 45.7\%$이다.

4 ②

합격률 공식에 따라 기능장의 합격률을 구하면 $\frac{4,862}{16,390} \times 100 = 29.7\%$으로 다른 실기시험 중 합격률이 가장 낮다.

---

5 ③

③ 제시된 표에는 적정운임 산정기준에 관한 자료가 없으므로 운임을 산정할 수는 없다.
① 표정속도 또는 최고속도를 기준으로 영업거리를 운행하는 데 걸리는 시간을 구할 수 있다.
② 편성과 정원을 바탕으로 차량 1대당 승차인원을 알 수 있다.
④ 영업거리와 정거장 수를 바탕으로 평균 역간거리를 구할 수 있다.

---

6 ④

㉠ 총 투입시간 = 투입인원 × 개인별 투입시간
㉡ 개인별 투입시간 = 개인별 업무시간 + 회의 소요시간
㉢ 회의 소요시간 = 횟수(회) × 소요시간(시간/회)
∴ 총 투입시간 = 투입인원 × (개인별 업무시간 + 횟수 × 소요시간)
각각 대입해서 총 투입시간을 구하면,
A = 2 × (41 + 3 × 1) = 88
B = 3 × (30 + 2 × 2) = 102
C = 4 × (22 + 1 × 4) = 104
D = 3 × (27 + 2 × 1) = 87

업무효율 = $\frac{표준\ 업무시간}{총\ 투입시간}$ 이므로, 총 투입시간이 적을수록 업무효율이 높다. D의 총 투입시간이 87로 가장 적으므로 업무효율이 가장 높은 부서는 D이다.

---

7 ①

㉠ (내)는 백제대가 아님을 알 수 있다.
㉡ 각 지역별 학생 수가 가장 높은 곳을 찾아보면 1지역과 3지역은 (내), 2지역은 (개)인데 ㉠에서 (내)는 백제대가 아니므로 (개)가 백제대이고, 중부지역은 2지역임을 알 수 있다.
㉢ (내), (대) 모두 1지역의 학생 수가 가장 많으므로 1지역은 남부지역이고, 3지역은 북부지역이 된다.
㉣ 백제대의 남부지역 학생 비율이 $\frac{10}{30} = \frac{1}{3}$로, (내)의 $\frac{12}{37} < \frac{1}{3}$, (대)의 $\frac{10}{29} > \frac{1}{3}$과 비교해보면 신라대는 (대)이고, 고구려대는 (내)임을 알 수 있다.
∴ 1지역 : 남부, 2지역 : 중부, 3지역 : 북부, (개)대 : 백제대, (내)대 : 고구려대, (대)대 : 신라대

8　②

두 성적의 점수가 같은 점을 연결하면 대각선이 된다.

수학성적이 영어성적보다 높은 학생은 대각선의 아랫부분에 위치하므로 모두 5명이다.

9　④

④ 프레임이 넓고 재질이 보론인 경우만 영향을 미치고 그렇지 않은 경우는 성능에 영향을 주지 않는다.

① 단독으로 성능에 영향을 미치기 위해서는 나머지 조건들이 모두 같아야 한다. 첫 번째 줄과 다섯 번째 줄을 비교하면 손잡이의 길이의 길고, 짧음이 성능에 영향을 미친다. 그러나 두 번째 줄과 여섯 번째 줄을 비교하면 손잡이의 길이의 길고, 짧음이 성능에 영향을 미치지 않음을 알 수 있다.

② 프레임의 넓이에 따른 일관된 결과가 제시되어 있지 않다.

③ 손잡이의 길이가 길고 프레임의 재질이 보론인 경우 성능에 영향을 주기도 하고 아니기도 하다.

10　④

④ 1980년까지는 초등학교 졸업자인 범죄자의 비중이 가장 컸으나 이후부터는 고등학교 졸업자인 범죄자의 비중이 가장 크게 나타나고 있음을 알 수 있다.

① 1985년 이후부터는 중학교 졸업자와 고등학교 졸업자인 범죄자 비중이 매 시기 50%를 넘고 있다.

② 해당 시기의 전체 범죄자의 수가 증가하여, 초등학교 졸업자인 범죄자의 비중은 낮아졌으나 그 수는 지속 증가하였다.

③ 해당 시기의 전체 범죄자의 수가 증가하여, 비중은 약 3배가 조금 못 되게 증가하였으나 그 수는 55,711명에서 251,765명으로 약 4.5배 이상 증가하였다.

11　④

1980년 중학교 범죄자 수는 $491,699 \times 24.4\% = 119,975$,

1990년 중학교 범죄자 수는 $462,199 \times 24.4\% = 112,777$

이므로 $119,975 + 112,777 = 232,752$

12　③

$545 \times (0.43 + 0.1) = 288.85 \rightarrow 289$건

13 ①

$244 \times 0.03 = 7.32$

∴ 7건

14 ①

① 20대 이하 인구가 3개월간 1권 정도 구입한 일반도서량은 2017년과 2019년 전년에 비해 감소했다.

15 ④

2021년 A의 판매비율은 36.0%이므로

판매개수는 $1,500 \times 0.36 = 540$(개)

16 ③

③ 2018년 E의 판매비율 6.5%p, 2021년 E의 판매비율 7.5%p이므로 1%p 증가하였다.

17 ①

경제 성장률은 그 값이 작아지더라도 양수(+)이면 경제 규모는 증가하고, 음수(−)이면 경제 규모는 감소한다. 그러므로 A국은 2021년 경제 성장률이 음수(−)이기 때문에 전년도에 비해 경제 규모가 줄어들었다고 볼 수 있다.

18 ①

$a = 123,906 - 126,826 = -2,920$

$b = 82,730 - 83,307 = -577$

$c = 123,906 - 107,230 = 16,676$

$d = 82,730 - 68,129 = 14,601$

$a + b + c + d = -2,920 + (-577) + 16,676 + 14,601 = 27,780$

19 ④

④ A는 (4 × 400호) + (2 × 250호) = 2,100이므로 440개의 심사 농가 수에 추가의 인증심사원이 필요하다. 그런데 모두 상근으로 고용할 것이고 400호 이상을 심사할 수 없으므로 추가로 2명의 인증심사원이 필요하다. 그리고 같은 원리로 B도 2명, D에서는 3명의 추가의 상근 인증심사원이 필요하다. 따라서 총 7명을 고용해야 하며 1인당 지급되는 보조금이 연간 600만 원이라고 했으므로 보조금 액수는 4,200만 원이 된다.

20 ④

①②는 표에서 알 수 없다.
③ 시간에 따른 B형 바이러스 항체 보유율이 가장 낮다.

공간능력

1	2	3	4	5	6	7	8	9	10	11	12	13	14	15	16	17	18
②	③	②	②	①	③	④	①	②	③	②	③	③	②	②	④	①	③

※ 공간능력은 별도의 해설이 없습니다.

지각속도

1	2	3	4	5	6	7	8	9	10	11	12	13	14	15	16	17	18	19	20
②	②	②	②	①	①	④	①	①	③	②	②	①	④	③	②	①	①	②	②

21	22	23	24	25	26	27	28	29	30
②	①	②	③	②	①	②	②	①	②

1 ②

임 = 8, 관 = 2, 구 = 1, 분 = 5, **체 = 0**, 면 = 4

---

2 ②

면 = 4, **접 = 9**, **겹 = 3**, 사 = 6, 신 = 7, 임 = 8

3 ②

사 = 6, 신 = 7, **<u>관 = 2</u>**, **<u>임 = 8</u>**, 구 = 1, 분 = 5, 체 = 0

---

4 ②

신 = 7, 임 = 8, 신 = 7, 체 = 0, **<u>검 = 3</u>**, 사 = 6

---

5 ①

관 = 2, 사 = 6, 분 = 5, 임 = 8, 신 = 7, 검 = 3

---

6 ①

<u>우리의 일상에</u>서 가**장** 재미**있**는 부분**은** 아무것도 **예**측할 수 **없**는데서 **온**다.

---

7 ④

△○✕▽○✕△○▽○✕□○□▽△▽○✕□○□○

---

8 ①

오른쪽에 $\frac{3}{2}$이 없다.

---

9 ①

ᛩᚻᛁᚷᚢᛉ11ᛒᛮᚠᛒᚹᛮᛒᚹᚠᚠᚠᛉᛉᛈᛰᛞᛉᛉᚠᚷᛗᛗ

---

10 ③

3.Ⓤ(n)(j)(y)ⒸⒻⒾ(A)ⓄⓌⒻ(z)11.(11)⑳

---

11 ②

해=◤, 강=♩, **들=♫**, **산=♫**, 숲=◥

12 ②

산=♫, 람=♯, **성=⋈**, 달=▶◀, 바=♭

13 ①

산=♫, 들=♫, 바=♭, 풀=◁, 달=▶◀

14 ④

a dr**o**p in the **o**cean high t**o**p h**o**pe little

15 ③

여**름철**에는 음식**물을** 꼭 **끓**여 먹자

16 ②

51209645291312870453497324250507042302

17 ①

c = 加, R = 無, 11 = 德, 6 = 武, 3 = 下

18 ①

1 = 韓, 21 = 老, 5 = 有, 3 = 下, Z = 體

19 ②

6 R 21 c 8 − 武 無 **老 加** 上

---

20 ②

☆ = ㅁ, ♉ = ㅇ, ⦉ = ㄹ, **☼ = ㅊ**, ☉ = ㅋ

---

21 ②

♂ = ㅂ, ♇ = ㅎ, ☉ = ㅋ, ⦉ = ㄹ, **Ω = ㄱ**

---

22 ①

☆ = ㅁ, ♂ = ㄴ, ♂ = ㅌ, ☼ = ㅊ, ♂ = ㅂ

---

23 ②

이번에 유출된 기름은 태안사고 당시 기름 유출량의 약 1.9배에 **이**르는 양**이**다.

---

24 ③

when I am do**w**n and oh my soul so **w**eary

---

25 ②

ℵ℧β Ψ **ℰ**ℏℸ℔bϑπ τ φ λ μ ξ ή𝑂**ℨ**𝑀Ÿ

---

26 ①

오른쪽에 α가 없다.

27　②

1005947862894862498249 2314867

28　②

ㅍ ㅚ ㄴ ㅇ ㅕ - k m ㅒ s ✖

29　①

ㅜ = †, ㅟ = ✚, ㅋ = t, ㅟ = ✚, ㅕ = ✖

30　②

ㅋ ㅛ ㄴ ㅛ ㅗ - t e ㅒ e ✖

한국사

1	2	3	4	5	6	7	8	9	10	11	12	13	14	15	16	17	18	19	20
④	③	②	③	③	③	①	①	①	③	③	④	②	④	②	②	④	③	③	③

21	22	23	24	25															
④	④	②	④	④															

1 ④

제시된 지문은 김옥균의 차관 교섭 실패와 청의 군대 철수에 관한 것으로 갑신정변의 배경이다.
① 동학농민운동
② 아관파천
③ 임오군란

2 ③

③ 정미의병에 대한 설명이다.
㉠ 을미의병(1895)은 명성 황후 시해 및 을미개혁의 단발령 등이 원인이 되어 발생하였다. 단발령이 철회되고 고종의 해산권고로 대부분 해산하였으며, 일부는 만주로 옮겨 항전을 준비하거나 화적·활빈당이 되어 투쟁을 지속하였다.
㉡ 을사의병(1905)은 을사조약과 러일전쟁을 배경으로 발생하였다. 다수의 유생이 참여하였으며, 전직관료가 거병하는 사례도 증가하였으며, 신돌석과 같은 평민의병장이 등장하였다.
㉢ 정미의병(1907)은 일본이 고종을 강제 퇴위시키고, 군대를 해산한 사건이 계기가 되었다. 해산된 군대가 의병활동에 참여하면서 조직성이 높아져 의병전쟁화 되었으며, 연합전선을 형성하여 서울 진공 작전을 시도하였으나 실패하였다.

3 ②

송진우, 김성수 등 민족주의 우파계열은 건국준비위원회에 참여하지 않았다.

4 ③

자료는 제헌 헌법으로, 이를 제정한 국회는 제헌 국회이다. 제헌 국회는 이승만을 대통령으로 선출하였으며, 반민족 행위 처벌법과 농지 개혁법을 제정하였다.

---

5 ③

경부 고속 국도와 포항 종합 제철 공장 모두 제2차 경제 개발 5개년 계획 시기에 건설되기 시작하였다. 두 공사는 일본에서 들어온 청구권 자금과 베트남 특수로 인한 수출에 힘입어 진행되었다.

---

6 ③

ㄱ 여운형 암살(1947. 7)
ㄷ 제주 4 · 3사건 발발(1948. 4)
ㄹ 대한민국 정부수립 반포(1948. 8)
ㄴ 조선민주주의 인민공화국 성립(1948. 9)
ㅁ 농지개혁법 공포(1949. 6)

---

7 ①

카이로회담(1943. 11) … 미 · 영 · 중 3국 수뇌가 적당한 시기에(적절한 절차를 거쳐) 한국을 독립시킬 것을 결의하였다.

---

8 ①

6 · 25전쟁 발발 : 1950.6.25. / 서울 수복 : 1950.9.28. / 휴전협정 체결 : 1953.7.27.
① 인천상륙작전 : 1950.9.15. →(가)
② 중국군 참전 : 1950.10.19. →(나)
③ 에치슨 선언 : 1950.1.10. →6 · 25전쟁 이전
④ 유엔군 파병 : 1950.6.27. →(가)

9 ①

(가) – 맥아더 장군의 지휘로 전개된 유엔군의 인천 상륙 작전이 성공함에 따라 전세는 역전되었고, 국군과 유엔군의 반격도 본격적으로 시작되었고, 서울을 빼앗긴 지 3개월 만인 9월 29일에 서울을 되찾게 되었다.

(나) – 대규모의 중국군이 파견되자 유엔군과 군국은 38도선 이북에서 대대적인 철수를 계획하였고, 중국군의 남진에 밀려 철수하였고, 1951년 1월 4일에 다시 서울을 내주게 되었다.

(다) – 반공 포로 석방은 이승만 대통령의 단독 결정이었다.

(라) – 한미 상호 방위 조약은 1953년 10월에 체결되어 11월에 발효된 대한민국과 미국 간의 상호 방위 조약이다.

---

10 ③

1950년 6월 25일 북한군의 남침으로 전쟁이 발발하자 유엔은 안전 보장 이사회를 긴급 소집하여 북한을 침략자로 규정하고, 전쟁의 즉각 중지를 골자로 한 결의안을 채택하고 군사 지원을 약속하였다.

① 1951년부터 휴전 회담이 시작되었으나 한국 정부가 휴전을 반대하였으며 범국민적 시위가 거세게 일어났다.

② 중국군의 개입으로 유엔군과 국군이 후퇴하면서 1950년 12월 하순 흥남 철수 작전이 전개되었다.

④ 1953년 전쟁이 끝나고 한·미 상호 방위 조약이 체결되었다.

---

11 ③

국민의 안보 의식을 고취시키기 위해, 예비역 장병을 중심으로, 평시에는 사회생활을 하면서, 유사시에는 향토 방위를 전담할 비정규군인 '향토예비군'을 창설하였다.

---

12 ④

2011년 1월에 소말리아 해적에 피랍된 삼호주얼리호와 우리 선원을 구출하기 위하여 '아덴만 여명작전'을 실시하여 우리 국민 전원을 구출하였다.

13 ②

1976년 8월 18일에 있었던 판문점 도끼만행사건에 대한 설명이다.

---

14 ④

1968년 10월 30일부터 11월 2일까지 3차례에 걸쳐 울진, 삼척지구에 무장공비 120명을 15명씩 조를 편성하여 침투하고, 이들은 주민들을 모아놓고 남자는 남로당, 여자는 여성동맹에 가입하라고 위협하였고, 주민들은 죽음을 무릅쓰고 릴레이식으로 신고하여 많은 희생을 치른 끝에 군경의 출동을 가능케 하였다.

---

15 ②

북한이 방사포와 해안포로 170여발의 포사격을 한 것은 연평도 포격 도발 사건이다.

---

16 ②

북한은 주택을 개인적으로 소유할 수 없으며, 북한 주민들은 일상생활이 거의 정해져있고, 자유로운 경제 활동이 원칙적으로 금지되어 있다. 북한 주민들 간의 혼인이 비록 간단하고 저렴하게 이루어지고 있으나, 국가가 혼인 상대를 정해주는 것은 아니다.

---

17 ④

국방공업을 우선적으로 발전시키겠다는 북한의 경제 노선은 선군주의 경제 노선이다. 북한은 공식적으로 장마당이라는 북한 주민들의 암시장을 단속하고 있으며, 종합 시장을 선보이고 있다. 인민 시장은 1950년 농촌 시장이 나타나기 이전에 존재하였으며, 종합 시장은 2003년도에 등장하였다.

---

18 ③

③은 조선 노동당에 해당된다.

19 ③

여행증 제도는 여행의 자유를 침해하는 정책이다.

---

20 ③

제시된 자료는 브라운 각서이다. 박정희 정부는 성장 위주의 경제 개발 정책을 추진하면서 경제 개발에 필요한 자금 마련을 위해 한·일 수교를 추진하는 한편, 베트남 파병을 추진하고 미국으로부터 브라운 각서를 받아 경제 개발에 필요한 자금을 마련하게 되었다.

---

21 ④

소련은 아프간 및 베트남 일대에서 팽창의도를 보이며 데탕트 분위기를 와해시켜나가며, 신냉전의 분위기가 확산되었다.

---

22 ④

중국의 농북공정은 통일 후 한반도에 영향력을 미치고, 조선족 등 지역 거주민에 대한 결속을 강화하기 위해서 진행되고 있다.

---

23 ②

① 조선 후기의 지리서이다.
③ 조선 후기에 편찬된 일종의 백과사전으로, 우리나라의 문물제도를 분류·정리하였다.
④ 조선 전기에 신숙주가 왕명에 따라 쓴 일본에 관한 책이다.

24 ④

제시문은 독도에 대한 설명이다.

④ 조선과 청은 국경문제를 해결하기 위하여 백두산정계비를 건립하였다.

25 ④

일본은 독도를 국제 분쟁 지역으로 만들기 위해 국제 사법 재판소에 독도 영유권 문제를 넘기려 하고 있다.

상황판단평가 및
직무성격평가

상황판단평가

※ 상황판단평가는 인성/적성검사에서 측정하기 힘든 직무 관련 상황을 제시하고 각 상황에 대해 어떻게 반응할 것인지 묻는 상황검사를 말한다.

Q 다음 상황을 읽고 제시된 질문에 답하시오. 【1~15】

1

> 당신은 6 · 25 전사자 유해 발굴단에 차출되었다. 개토식 후 약 4주 동안 가평군 상면 봉수리 744고지 일대와 율길대 468고지에서 발굴사업을 진행하였다. 주요 전적지로 큰 기대를 하였으나 유해가 1구도 발굴되지 않아 상심이 크다. 지역 어르신들은 위치선정이 잘못되었다며 다른 곳을 확인해 보라고 한다. 유해발굴 단장은 발굴단의 노력이 부족하였다며 다른 의견을 일축하였다.

이 상황에서 당신이 ⓐ 가장 할 것 같은 행동은 무엇입니까?
　　　　　　　　　　　ⓑ 가장 하지 않을 것 같은 행동은 무엇입니까?

ⓐ 가장 할 것 같은 행동　　　　　　　　(　　　　)
ⓑ 가장 하지 않을 것 같은 행동　　　　　(　　　　)

선 택 지
① 마을 주민들의 의견을 종합하여 유해 발굴 장소 변경을 건의한다.
② 상급자인 단장의 지시를 받들어 더욱 열심히 유해를 발굴한다.
③ 상급자의 의견에 반하는 보고를 하기 어려운 만큼 마을 주민들에게 대신 이야기 해 줄 것을 부탁한다.
④ 상급자의 눈과 귀가 되어야 하는 만큼 실무진과 지역주민들의 이야기를 전달한다.
⑤ 결과물이 미약할 경우 상급부대로부터 질책을 피하기 어려운 만큼 수단과 방법을 가리지 않는다.
⑥ 지역 어르신들의 의견에 따라 다른 위치에서 발굴을 한다.
⑦ 발굴단의 노력이 부족한 것이 아님을 단장에게 어필한다.

2

> 당신은 방공학교 초군반 교육생이다. 방공학교에서 교육생과 교육생 가족을 위한 방공장비 전시 등 부대개방행사를 열었다. 행사에는 단거리 지대공 유도무기 천마, 30mm 자주대공포 비호 등 방공 주요 장비들이 전시되었다. 당신은 다른 초군반 교육생 가족으로 추정되는 사람이 핸드폰으로 각종 장비를 촬영하고 있는 것을 목격하였다. 군사시설 및 장비 촬영은 금지되어 있다.

이 상황에서 당신이 ⓐ 가장 할 것 같은 행동은 무엇입니까?
　　　　　　　　　　 ⓑ 가장 하지 않을 것 같은 행동은 무엇입니까?

ⓐ 가장 할 것 같은 행동　　　　　　　　(　　　　)
ⓑ 가장 하지 않을 것 같은 행동　　　　　(　　　　)

선 택 지
① 해당 교육생과 관계가 불편해 질 수 있기에 사진촬영을 모른 척 한다.
② 규정과 원칙에 따라 사진촬영 금지임을 상기시킨다.
③ 훈육관에게 사진촬영 사실을 보고하고 적절한 조치를 기대한다.
④ 교육생 가족에게 사진촬영 금지임을 밝히고, 촬영한 사진 삭제를 요구한다.
⑤ 기념인 만큼 우리 가족들도 해당 장비 및 시설을 촬영할 수 있도록 안내한다.
⑥ 교육생 가족에게 사진촬영 금지임을 밝히고 해당 핸드폰을 압수한다.
⑦ 사진촬영을 하고 있다고 훈육관이 들을 수 있게 큰 소리를 지른다.

3

> 당신은 군수장교이다. 육군종합군수학교 국방자원관리자과정(7주 교육)은 수료 시 장기복무 선발 가산점 등 혜택이 많아 인기가 좋다. 당신은 2기에 합격하였다고 통보를 받았다. 하지만 부대장은 당신의 교육참가에 부정적이다. 7주간 실무자가 자리를 비우면 부대 운영이 곤란하다는 입장이다. 반면 교육 수료 시 혜택이 많아 당신은 참가하고 싶으며, 주변에서도 참가를 권유하였다.

이 상황에서 당신이 ⓐ 가장 할 것 같은 행동은 무엇입니까?
　　　　　　　　　　 ⓑ 가장 하지 않을 것 같은 행동은 무엇입니까?

ⓐ 가장 할 것 같은 행동　　　　　　　　 (　　　　)
ⓑ 가장 하지 않을 것 같은 행동　　　　　 (　　　　)

선 택 지
① 향후 군 생활에 도움이 되는 방향으로 결정한다.
② 부대에서 대리업무자를 구하고 교육에 참가한다.
③ 혜택이 많은 국방자원관리자과정에 참여한다.
④ 상급부대에 교육 차출을 공문으로 하달토록 요구한다.
⑤ 부대업무가 더 중요한 만큼 교육을 포기한다.
⑥ 향후 군 생활에 도움이 되는 것이라고 부대장을 설득시키도록 한다.
⑦ 부대장에게 객관적으로 잘 생각하고 결정해 달라고 한다.

4

당신은 연락장교이다. 지휘통제실 근무간 예하부대 화재 발생 상황을 보고 받았다. 예하부대에서는 당신에게 지침 하달을 요구하였다. 통상 작전과장에게 상황대처를 문의하나 부재중이다. 고속 상황전파체계를 활용하여 인접부대 상황을 전파하는 것이 연락장교의 역할이다. 함께 근무중인 상황병은 119신고부터 하자고 한다.

이 상황에서 당신이 ⓐ 가장 할 것 같은 행동은 무엇입니까?
　　　　　　　　　　　ⓑ 가장 하지 않을 것 같은 행동은 무엇입니까?

ⓐ 가장 할 것 같은 행동　　　　　　　　(　　　　　)
ⓑ 가장 하지 않을 것 같은 행동　　　　　(　　　　　)

선 택 지

① 연락장교인 만큼 추가지침 하달이 어렵고, 예하부대에서 판단하여 행동토록 조치한다.

② 작전과장과 연락이 될 때까지 예하부대에 대기토록 명한다.

③ 화재진압이 우선인 만큼 119 신고를 먼저 한다.

④ 작전과장과 통화해 보라고 휴대폰 번호를 알려준다.

⑤ 행동지침에 의거 인접부대 상황을 전하고 나머지 부분은 책임질 수 없음을 밝힌다.

⑥ 화재진압이 우선인 만큼 전 부대원의 화재 진압을 명령한다.

⑦ 인접부대 상황을 전파하는 연락장교의 임무만 수행하도록 한다.

5

당신은 3소대 소대장이다. 1, 2소대의 경우 장기복무를 희망하는 소대장들로 항시 당신과 비교되곤 한다. 당신은 열심히 하고 있지만, 중대장은 장기복무를 희망하지 않는다는 이유로 당신의 노력을 폄하하곤 한다. 당신에 대한 평가는 참고 견딜 수 있으나 열심히 하는 소대원들이 불이익을 받는 것 같아 마음이 아프다. 소대원들도 조금씩 그 불만이 커지고 있다.

이 상황에서 당신이 ⓐ 가장 할 것 같은 행동은 무엇입니까?
　　　　　　　　　ⓑ 가장 하지 않을 것 같은 행동은 무엇입니까?

ⓐ 가장 할 것 같은 행동　　　　　　　　(　　　　)
ⓑ 가장 하지 않을 것 같은 행동　　　　　(　　　　)

선 택 지

① 정당한 평가를 받기 위해 장기복무를 희망한다고 언급한다.

② 중대장에게 소대원들의 불만을 전달하고 보직변경을 요청한다.

③ 객관적으로 입증할 수 있는 업무기여도를 자체적으로 정리한다.

④ 대대장에게 중대장의 공공연한 소대 차별을 보고한다.

⑤ 단기복무 선배장교들에게 노하우를 전수 받는다.

⑥ 중대장에게 객관적으로 평가해 달라고 요청한다.

⑦ 소대원들에게 중대장에게 가서 불만을 토로하라고 한다.

6

> 당신은 군종장교이다. 평소 안면 있는 목사님으로부터 부대 장병들에게 삼겹살을 먹이고 싶다는 제안을 받았다. 좋은 취지는 알겠으나 외부음식물 반입과 외부인 부대 출입 등 여러 문제가 고민된다. 또한 한 번도 해본 적이 없어 전 부대원을 먹이려면 얼마나 많은 삼겹살이 필요할지 감도 잡히지 않는다. 지원과장에게 물었으나 현 시국과 부대보안과 관련하여 부정적인 반응이다.

이 상황에서 당신이 ⓐ 가장 할 것 같은 행동은 무엇입니까?
　　　　　　　　　ⓑ 가장 하지 않을 것 같은 행동은 무엇입니까?

ⓐ 가장 할 것 같은 행동　　　　　　　（　　　　）
ⓑ 가장 하지 않을 것 같은 행동　　　　（　　　　）

선 택 지

① 지휘관인 연대장에게 보고하고 삼겹살 기부를 진행한다.

② 주임원사에게 이야기하여 실무적인 부분에서 도움을 받는다.

③ 목사님에게 부대 사정을 이야기하고 감사한 마음만 받겠다고 전한다.

④ 다른 부대 사례를 확인해 본다.

⑤ 병사들에게 삼겹살 기부를 이야기하여 여론이 조성되도록 한다.

⑥ 목사님에게 연대장에게 직접 이야기해 보라고 한다.

⑦ 지원과장에게 목사님의 뜻을 전달하여 한 번 눈감아 달라고 한다.

7

당신은 소대장이다. 지하철역 대테러 훈련간 술에 취한 어르신 한 분이 훈련을 지속적으로 방해하고 있다. 민관군경 통합훈련인 만큼 경찰이나 지하철공사 측에서 통제를 해줬으면 하나 실무자들도 모른 척 하는 분위기이다. 당신은 총기와 화생방 장비 등을 지참하고 있어 무척 조심스럽다. 일부 시민들은 그런 어르신의 행동과 군의 대응을 핸드폰 촬영하고 있는 느낌이다.

이 상황에서 당신이 ⓐ 가장 할 것 같은 행동은 무엇입니까?
　　　　　　　　　　　ⓑ 가장 하지 않을 것 같은 행동은 무엇입니까?

ⓐ 가장 할 것 같은 행동　　　　　　　　（　　　　）
ⓑ 가장 하지 않을 것 같은 행동　　　　　（　　　　）

선 택 지

① 경찰과 지하철공사 실무자에게 민간인 통제가 안 될 경우 더 이상 훈련 진행이 어려움을 통보한다.

② 어르신을 강제로 훈련 장소에서 격리시킨다.

③ 핸드폰 촬영 불가임을 밝히고 잠시 훈련을 중단시킨다.

④ 중대장에게 훈련에 방해가 되는 상황을 보고하고 조치를 기다린다.

⑤ 모른 척 하고 훈련을 빠르게 진행한다.

⑥ 경찰과 지하철공사의 민간인 통제 불능으로 인해 훈련을 취소한다고 밝히고 취소한다.

⑦ 촬영하는 시민의 핸드폰을 모두 압수한다.

8

> 당신은 의무소대장이다. 지역 주민 초청 행사간 어르신 혈압과 혈당 체크, 금연 상담 등 간단한 의료봉사를 진행하였다. 생각보다 호응이 좋아 많은 분들이 기다리고 계셨다. 주변을 둘러보니 직속 상관인 의무대장은 특별히 맡은 임무가 없어 보였다. 어르신들을 무작정 기다리게 하는 것이 예의가 아닌 것 같아 불편하다.

이 상황에서 당신이 ⓐ 가장 할 것 같은 행동은 무엇입니까?
　　　　　　　　　ⓑ 가장 하지 않을 것 같은 행동은 무엇입니까?

ⓐ 가장 할 것 같은 행동　　　　　　　(　　　　)
ⓑ 가장 하지 않을 것 같은 행동　　　　(　　　　)

선 택 지

① 의무대장에게 도와 달라고 부탁한다.

② 상관에게 실례가 될 수 있는 만큼 알아서 빠르게 의료봉사를 진행한다.

③ 어르신들에게 번호표를 나눠주고 다른 일 보시다가 진료 받으러 오시도록 안내한다.

④ 의무대장에게 현 상황을 보고하고 지침을 기다린다.

⑤ 내 임무에만 충실 한다.

⑥ 어르신들에게 의무대장에게 가서 진료를 받으라고 말한다.

⑦ 어르신들에게 다음에 다시 오시라고 하면서 봉사를 종료한다.

9

> 당신은 군수장교이다. 예하부대 소방시설 점검 결과 준비상태가 너무도 미흡함을 인지하였다. 각 중대 행정보급관들은 화재예방 도구로는 소화기만 지급되는 상황에서 부대 운영비로 준비하기엔 한계가 명확하다는 입장이다. 화재가 빈번한 봄까지 얼마 남지 않은 시점이다. 인접부대 군수장교들은 점검 후 조치는 예하부대에서 할 일이라며 대수롭지 않게 반응한다.

이 상황에서 당신이 ⓐ 가장 할 것 같은 행동은 무엇입니까?
ⓑ 가장 하지 않을 것 같은 행동은 무엇입니까?

ⓐ 가장 할 것 같은 행동　　　　　　　　（　　　　）
ⓑ 가장 하지 않을 것 같은 행동　　　　　（　　　　）

선 택 지

① 지휘관에게 보고하여 예하부대 화재예방 도구를 구입할 수 있는 특별지원금을 하달한다.

② 화재예방 준비가 미흡한 예하부대를 강력하게 질책한다.

③ 예하부대도 예산부족으로 어쩔 수 없는 만큼 점검 결과를 완화한다.

④ 예하부대의 입장을 생각하여 허위로 보고한다.

⑤ 상급부대에 화재예방 도구 구입 및 지원을 건의한다.

⑥ 군수장교 본연의 업무에 충실하여 점검결과 보고 후 마무리한다.

⑦ 타 군수장교들과 마찬가지로 대수롭지 않게 생각한다.

10

> 당신은 연락장교이다. 당신의 임무 수행철에 명시된 연락장교 업무 외 작전과 업무를 지시 받고 있다. 처음 자대 배치 후 몇 달 간은 명확한 업무 구분이 어려워 불만이 없었으나, 최근에는 내 업무가 아닌 데 하고 있다는 생각이 든다. 특히 동기들에 비해 많은 업무량에 군 장교로써 회의감마저 든다. 선배들은 일을 배우는 과정이니 좋게 생각하라고 한다.

이 상황에서 당신이 ⓐ 가장 할 것 같은 행동은 무엇입니까?
ⓑ 가장 하지 않을 것 같은 행동은 무엇입니까?

ⓐ 가장 할 것 같은 행동 　　　　　　 (　　　　)
ⓑ 가장 하지 않을 것 같은 행동 　　 (　　　　)

선 택 지

① 직속상관인 작전과장에게 연락장교의 업무를 확인하고, 명확한 업무 분장을 요구한다.

② 임무 수행철에 명시된 연락장교 업무만 충실히 한다.

③ 작전과 업무량이 많은 만큼 보직 변경을 고민한다.

④ 차후 진급과 장기복무를 위해 참는다.

⑤ 보직 변경을 요청한다.

⑥ 병사들에게 어려움을 토로하고 이야기가 작전과장에게 전달되기를 기대한다.

⑦ 마음의 소리에 불만을 적는다.

11

> 당신은 소대장이다. 소대원 A상병은 허리통증을 호소하며 외진을 신청하였다. 지난주에도 A상병은 허리통증으로 외진을 다녀왔었다. 하지만 당신은 지난 주말 A상병이 축구하는 모습을 목격한 바 있다. 행정보급관은 A상병이 주말에는 멀쩡하다가 주중 일과시간에만 허리통증을 호소해왔다고 한다. 선배들은 꾀병부리는 것을 잘 체크해야지 아니면 소대 분위기가 나빠질 것이라고 충고하였다.

이 상황에서 당신이 ⓐ 가장 할 것 같은 행동은 무엇입니까?
　　　　　　　　　ⓑ 가장 하지 않을 것 같은 행동은 무엇입니까?

ⓐ 가장 할 것 같은 행동　　　　　　　　　（　　　　）
ⓑ 가장 하지 않을 것 같은 행동　　　　　　（　　　　）

선 택 지

① A상병에게 주중에만 허리가 아픈 이유를 묻는다.

② A상병이 허리통증으로 일상생활이 어려운 만큼 군병원 입원을 요청한다.

③ A상병이 꾀병임을 강조하고, 정상적으로 일과에 임할 것을 지시한다.

④ A상병에게 주말에 축구하는 모습이 보이면 진짜 허리를 부러뜨리겠다고 한다.

⑤ 중대장에게 A상병의 상태를 보고하고 지침을 받는다.

⑥ 소대원들에게 A상병의 평소 행실을 묻고 험담을 한다.

⑦ 소대원들에게 A상병에게 진짜 허리통증을 선물해 주라고 지시한다.

12

> 당신은 정보장교이다. 부대 참모들은 작전과장의 경우 소령, 군수장교 대위, 인사장교 중위, 통신장교 중위와 같이 모두 당신(소위)보다 계급이 높은 선배장교들이다. 참모간 업무조율에 있어 절대적으로 어려운 입장이다. 당신이 통제하는 예하부대 관측장교들도 동기들이라 업무에 애로사항이 많다. 정보과 계원들도 부서장인 당신을 못미더워 하는 분위기이다.

이 상황에서 당신이 ⓐ 가장 할 것 같은 행동은 무엇입니까?
　　　　　　　　　　ⓑ 가장 하지 않을 것 같은 행동은 무엇입니까?

ⓐ 가장 할 것 같은 행동　　　　　　　　(　　　)
ⓑ 가장 하지 않을 것 같은 행동　　　　(　　　)

선 택 지

① 대대장에게 참모로서 업무가 어려움을 밝히고 보직변경을 요청한다.

② 계급은 낮지만 참모인 만큼 당당하게 행동하고 업무한다.

③ 계급을 핑계 삼아 어려운 임무를 피한다.

④ 상급부대에 낮은 계급에서의 정보장교 보직은 부당함을 알리고 도움을 요청한다.

⑤ 상급부대 정보업무 실무자에게 잘 보인 후 상급부대 상급자들의 이름을 빌려 업무를 처리한다.

⑥ 마음의 소리에 매일 매일 어려움을 적는다.

⑦ 계급을 무시한 채 참모로써의 역할과 책임을 다한다.

13

> 당신은 초소 근무중인 부사관이다. 초소 전방 100M 지점에서 민간 차량 화재를 목격하였다. 초소에는 당신과 B일병, C이병 등 총 3명이 근무 중이다. 초소에는 소화기 2대가 비치되어 있다. 초소를 이탈하여 화재를 진압하기도 곤란하고, 또 모른 척 하자니 더 큰 사고가 발생할까 두렵다. 초소내 소화기로 화재를 진압할 수 있을지 명확한 판단도 서지 않는다.

이 상황에서 당신이 ⓐ 가장 할 것 같은 행동은 무엇입니까?
　　　　　　　　　　　ⓑ 가장 하지 않을 것 같은 행동은 무엇입니까?

ⓐ 가장 할 것 같은 행동　　　　　　　（　　　　）
ⓑ 가장 하지 않을 것 같은 행동　　　　（　　　　）

선 택 지

① 부대 지휘통제실에 민간 차량 화재 상황을 보고하고 추가 행동 지시를 기다린다.

② 화재 진압 중 폭발로 인한 우발상황이 발생할 수 있는 만큼 소방관의 도착을 기다린다.

③ 119에 연락히여 소방관의 도착을 기나린다.

④ 당장 인명피해를 막아야 하는 만큼 소화기를 들고 화재현장에 접근한다.

⑤ 초소를 비우기 어려운 만큼 장병 2명을 화재현장에 투입하여 초동조치를 지시한다.

⑥ 부대 임무와 연관이 없는 만큼 진행상황을 관찰한다.

⑦ 모른 척 하고 초소 근무에만 열중한다.

14

당신은 정훈장교이다. 외부에서 유명한 작가를 모시고 초빙 강연을 개최했다. 대대장도 외부에서 중요한 분이 오신만큼 장병들이 강연에 몰입할 수 있도록 각별히 신경을 쓰라고 지시하였다. 강연 중 장병들이 하나둘씩 졸더니 이제는 대놓고 엎어져 자는 장병마저 발생하였다. 강연 중인 작가도 적잖이 당황한 듯하다. 일일이 접근하여 깨우기 불가능할 정도로 조는 인원이 많아졌다.

이 상황에서 당신이 ⓐ 가장 할 것 같은 행동은 무엇입니까?
　　　　　　　　　　 ⓑ 가장 하지 않을 것 같은 행동은 무엇입니까?

ⓐ 가장 할 것 같은 행동　　　　　（　　　）
ⓑ 가장 하지 않을 것 같은 행동　　（　　　）

선 택 지

① 잠시 강연을 중단하고, 휴식시간을 갖는다.

② 작가에게 양해를 구하고 안내를 통해 졸지 말 것을 강조한다.

③ 작가가 당황하지 않도록 부대 간부들을 통해 장병들을 통제한다.

④ 이미 시작된 만큼 강연을 끝까지 진행한다.

⑤ 대대장에게 상황을 보고하고 지침을 받는다.

⑥ 조용히 한 명 한 명에게 다가가 깨운다.

⑦ 작가에게 양해를 구하고 잠시 얼차려를 실시한다.

15

당신은 인사장교이다. 부대 무사고 2000일을 축하하는 기념행사를 계획 중이다. 장병들에게 휴가증외 포상품을 지급하려고 한다. 장병들은 전역 후 사용할 수 있는 보조 배터리와 같은 물품을 희망하는 반면, 부대장은 군 생활간 사용할 수 있는 군용 대체품을 지급하자고 한다. 작전과장은 대대장 의견에 따라 계획을 작성하라고 지시하였다.

이 상황에서 당신이 ⓐ 가장 할 것 같은 행동은 무엇입니까?
　　　　　　　　ⓑ 가장 하지 않을 것 같은 행동은 무엇입니까?

ⓐ 가장 할 것 같은 행동　　　　　　　　(　　　　)
ⓑ 가장 하지 않을 것 같은 행동　　　　(　　　　)

선 택 지

① 직속상관의 지시를 받들어 계획을 작성한다.

② 포상을 받는 당사자들의 의견이 중요한 만큼 전역 후 사용할 수 있는 물품을 포상품으로 준비한다.

③ 계획은 군 생활간 사용할 수 있는 물품으로 하되, 실제 포상은 전역 후 사용할 수 있는 물품으로 한다.

④ 대대장을 최대한 설득하여 병사들의 의견이 반영되도록 한다.

⑤ 직속상관의 지시를 받들어 군 생활간 사용할 수 있는 물품으로 포상품을 준비한다.

⑥ 타 부대 사례를 확인하여 계획 작성 시 참고한다.

⑦ 계획은 전역 후 사용할 수 있는 물품으로 하되, 실제 포상은 군 생활간 사용할 수 있는 물품으로 한다.

02 직무성격평가

180문항/30분

Q 다음 상황을 읽고 제시된 질문에 답하시오. 【1~180】

① 전혀 그렇지 않다	② 그렇지 않다	③ 보통이다	④ 그렇다	⑤ 매우 그렇다

001	나는 혼자 여행하기를 좋아한다.	① ② ③ ④ ⑤
002	나의 일상생활은 흥미로운 일로 가득 차 있다.	① ② ③ ④ ⑤
003	목에 무언가 걸린 것 같은 때가 많다.	① ② ③ ④ ⑤
004	사람들이 내게 트집을 잡는다.	① ② ③ ④ ⑤
005	차마 입 밖에 꺼낼 수 없을 정도로 나쁜 생각을 할 때가 가끔 있다.	① ② ③ ④ ⑤
006	때때로 도저히 참을 수 없는 웃음이나 울음이 터져 나오곤 한다.	① ② ③ ④ ⑤
007	나에게 나쁜 짓을 하는 사람에게는 할 수만 있다면 보복을 해야 한다.	① ② ③ ④ ⑤
008	이따금 집을 몹시 떠나고 싶다.	① ② ③ ④ ⑤
009	아무도 나를 이해해 주지 않는 것 같다.	① ② ③ ④ ⑤
010	곤경에 처했을 때는 입을 다물고 있는 것이 상책이다.	① ② ③ ④ ⑤
011	위기나 어려움에 맞서기를 피한다.	① ② ③ ④ ⑤
012	일주일에 몇 번이나 위산과다나 소화불량으로 고생한다.	① ② ③ ④ ⑤
013	때때로 욕설을 퍼붓고 싶다.	① ② ③ ④ ⑤
014	며칠에 한 번씩 악몽으로 시달린다.	① ② ③ ④ ⑤
015	한 가지 과제나 일에 정신을 집중하기가 어렵다.	① ② ③ ④ ⑤
016	건강에 대해 거의 염려하지 않는다.	① ② ③ ④ ⑤

017	어렸을 때 가끔 물건을 훔친 적이 있다.	① ② ③ ④ ⑤
018	나는 내 친구들 못지않게 신체적으로 건강하다.	① ② ③ ④ ⑤
019	때때로 무엇인가를 부셔 버리고 싶어진다.	① ② ③ ④ ⑤
020	언제나 진실만을 말하지는 않는다.	① ② ③ ④ ⑤
021	잠을 깊이 들지 못하고 설친다.	① ② ③ ④ ⑤
022	심장이나 가슴이 아파 고생한 적이 거의 없다.	① ② ③ ④ ⑤
023	한 가지 일에 너무 매달려서 남들이 내게 참을성을 잃는 때가 가끔 있다.	① ② ③ ④ ⑤
024	목덜미가 아플 때가 거의 없다.	① ② ③ ④ ⑤
025	나는 매우 사교적인 사람이다.	① ② ③ ④ ⑤
026	나만큼 알지 못하는 사람들로부터 명령을 받아야 할 때가 종종 있다.	① ② ③ ④ ⑤
027	내가 여자였으면 하고 바랄 때가 자주 있다.	① ② ③ ④ ⑤
028	조직적인 분위기에 잘 적응한다.	① ② ③ ④ ⑤
029	어려운 사람들을 돕기 위해 자원봉사활동에 참여하고 싶다.	① ② ③ ④ ⑤
030	며칠마다 한번씩 명치가 거북해서 고생한다.	① ② ③ ④ ⑤
031	나는 중요한 사람이다.	① ② ③ ④ ⑤
032	가끔 동물을 못살게 군다.	① ② ③ ④ ⑤
033	나는 거의 언제나 우울하다.	① ② ③ ④ ⑤
034	가끔 기분이 좋지 않을 때 나는 짜증을 낸다.	① ② ③ ④ ⑤
035	남들이 놀려도 개의치 않는다.	① ② ③ ④ ⑤
036	나는 논쟁에서 쉽사리 궁지에 몰린다.	① ② ③ ④ ⑤
037	나는 확실히 자신감이 부족하다.	① ② ③ ④ ⑤
038	인생은 살 만한 가치가 있다고 생각한다.	① ② ③ ④ ⑤

039 사람들에게 진실을 납득시키기 위해서 토론이나 논쟁을 많이 해야 한다. ① ② ③ ④ ⑤

040 이따금 오늘 해야 할 일을 내일로 미룬다. ① ② ③ ④ ⑤

041 후회할 일을 많이 한다. ① ② ③ ④ ⑤

042 근육이 꿈틀거리거나 경련되는 일이 거의 없다. ① ② ③ ④ ⑤

043 대부분의 사람들은 남보다 앞서기 위해서라면 거짓말도 할 것이다. ① ② ③ ④ ⑤

044 집안 식구들과 거의 말다툼을 하지 않는다. ① ② ③ ④ ⑤

045 때로 해롭거나 충격적인 일을 하고 싶은 충동을 강하게 느낀다. ① ② ③ ④ ⑤

046 떠들썩하게 놀 수 있는 파티나 모임에 가는 것을 좋아한다. ① ② ③ ④ ⑤

047 선택의 여지가 너무 많아 마음의 결정을 내리지 못한 상황에 처한 적이 있었다. ① ② ③ ④ ⑤

048 살찌지 않기 위해 가끔 난 먹은 것을 토해낸다. ① ② ③ ④ ⑤

049 나에게 가장 힘든 싸움은 나 자신과의 싸움이다. ① ② ③ ④ ⑤

050 어려운 일에 부딪혀도 좀처럼 좌절하지 않는다. ① ② ③ ④ ⑤

051 경기나 게임은 내기를 해야 더 재미있다. ① ② ③ ④ ⑤

052 나에게 무슨 일이 일어나건 상관하지 않는 편이다. ① ② ③ ④ ⑤

053 거의 언제나 나는 행복하다. ① ② ③ ④ ⑤

054 누군가 나에게 악의를 품고 있거나 나를 해치려고 한다. ① ② ③ ④ ⑤

055 스릴(아슬아슬함)을 맛보기 위해 위험한 행동을 해본 적이 한 번도 없다. ① ② ③ ④ ⑤

056 머리에 띠를 맨 듯 꽉 조이는 것 같이 느낄 때가 자주 있다. ① ② ③ ④ ⑤

057 내 말투는 항상 같다. ① ② ③ ④ ⑤

058 집에서 식사를 할 때는 남들과 함께 외식할 때만큼 식사예절을 잘 지키지 않는다. ① ② ③ ④ ⑤

059 사람들은 대부분 들키는 게 무서워서 정직한 것이다. ① ② ③ ④ ⑤

060 학교 다닐 때 나쁜 짓을 하여 가끔 교무실에 불려 갔었다. ① ② ③ ④ ⑤

061	소화불량, 신트림 등 위장과 관련된 장애가 많다.	① ② ③ ④ ⑤
062	대부분의 사람들은 이득이 된다면 다소간 부당한 수단도 쓸 것이다.	① ② ③ ④ ⑤
063	능력도 있고 열심히 일하기만 한다면 누구나 성공할 가능성이 크다.	① ② ③ ④ ⑤
064	피를 봐도 놀라거나 역겹지 않다.	① ② ③ ④ ⑤
065	종종 내가 왜 그렇게 짜증을 내거나 뚱해 있었는지 도무지 이해할 수 없다.	① ② ③ ④ ⑤
066	옳다고 생각하는 일은 밀고 나가야 할 필요가 있다고 자주 생각한다.	① ② ③ ④ ⑤
067	거의 매일 밤 별 잡념 없이 쉽게 잠든다.	① ② ③ ④ ⑤
068	피를 토하거나 피가 섞인 기침을 한 적이 없다.	① ② ③ ④ ⑤
069	누군가 내게 잘해 줄 때는 뭔가 숨은 의도가 있을 것이라고 종종 생각한다.	① ② ③ ④ ⑤
070	내 주위 사람들처럼 나의 가정생활도 즐겁다.	① ② ③ ④ ⑤
071	때때로 생각이 너무 빨리 떠올라서 그것을 말로 다 표현할 수 없다.	① ② ③ ④ ⑤
072	결정을 빨리 내리지 못해서 종종 기회를 놓쳐 버리곤 했다.	① ② ③ ④ ⑤
073	중요한 일을 하고 있을 때 남들이 조언을 하거나 다른 일로 나를 방해하면 참을성을 잃고 만다.	① ② ③ ④ ⑤
074	법률은 지켜져야 하며 어긴 사람은 벌 받아 마땅하다.	① ② ③ ④ ⑤
075	비판이나 꾸지람을 들으면 속이 몹시 상한다.	① ② ③ ④ ⑤
076	음식 만들기를 좋아한다.	① ② ③ ④ ⑤
077	내 행동은 주로 주위 사람들의 행동에 의해 좌우된다.	① ② ③ ④ ⑤
078	때때로 나는 정말 쓸모없는 인간이라고 느낀다.	① ② ③ ④ ⑤
079	게임에서 지기보다는 이기고 싶다.	① ② ③ ④ ⑤
080	누군가에게 주먹다짐을 하고 싶을 때가 이따금 있다.	① ② ③ ④ ⑤
081	정신은 멀쩡하지만 갑자기 몸을 움직일 수도 말을 할 수도 없었던 적이 있다.	① ② ③ ④ ⑤
082	누가 내 뒤를 몰래 따라다닌다.	① ② ③ ④ ⑤

083	이유도 없이 자주 벌 받았다고 느낀다.	① ② ③ ④ ⑤
084	발작이나 경련을 일으킨 적이 없다.	① ② ③ ④ ⑤
085	나는 쉽게 운다.	① ② ③ ④ ⑤
086	체중이 늘지도 줄지도 않는다.	① ② ③ ④ ⑤
087	지루할 때면 뭔가 신나는 일을 벌이고 싶다.	① ② ③ ④ ⑤
088	술을 마시거나 마약을 사용하는 문제가 있다.	① ② ③ ④ ⑤
089	나도 모르게 속았다는 것을 인정해야 할 때 나는 분노하게 된다.	① ② ③ ④ ⑤
090	쉽게 피곤해지지 않는다.	① ② ③ ④ ⑤
091	정수리를 건드리면 아플 때가 가끔 있다.	① ② ③ ④ ⑤
092	나의 기억력은 괜찮은 것 같다.	① ② ③ ④ ⑤
093	높은 곳에서 아래를 보면 겁이 난다.	① ② ③ ④ ⑤
094	가족들 중 누가 법적인 문제에 말려든다 해도 별로 긴장하지 않을 것이다.	① ② ③ ④ ⑤
095	남이 나를 어떻게 생각하든 신경 쓰지 않는다.	① ② ③ ④ ⑤
096	수줍음을 탄다는 것을 나타내지 않으려고 자주 애써야 한다.	① ② ③ ④ ⑤
097	내가 하고 있는 일에 관해서 글을 읽거나 조사하는 것을 좋아한다.	① ② ③ ④ ⑤
098	여러 종류의 놀이와 오락을 즐긴다.	① ② ③ ④ ⑤
099	오랫동안 글을 읽어도 눈이 피로해지지 않는다.	① ② ③ ④ ⑤
100	처음 만나는 사람과 대화하기가 어렵다.	① ② ③ ④ ⑤
101	행동한 후에 내가 무엇을 했었는지 몰랐던 때가 있었다.	① ② ③ ④ ⑤
102	손 놀리기가 거북하거나 어색한 때가 없다.	① ② ③ ④ ⑤
103	정신이 나가거나 자제력을 잃을까봐 두렵다.	① ② ③ ④ ⑤
104	당황하면 땀이 나서 몹시 불쾌할 때가 가끔 있다.	① ② ③ ④ ⑤

105	무엇을 하려고 하면 손이 떨릴 때가 많다.	① ② ③ ④ ⑤
106	내 정신 상태에 뭔가 문제가 있는 것 같다.	① ② ③ ④ ⑤
107	나는 때때로 자살에 대해 생각한다.	① ② ③ ④ ⑤
108	나는 갈등해소와 극복을 위해 노력한다.	① ② ③ ④ ⑤
109	농담이나 애교로 이성의 관심을 사고 싶다.	① ② ③ ④ ⑤
110	나는 능력 있다는 소리를 듣기 좋아한다.	① ② ③ ④ ⑤
111	신체적인 이상 때문에 여가 생활을 즐길 수 없다.	① ② ③ ④ ⑤
112	비록 보답할 수 없더라도 친구의 도움을 청하는 것이 그리 어렵지 않다.	① ② ③ ④ ⑤
113	나는 독립성이 강하고 가족의 규율에 얽매임 없이 자유롭게 행동한다.	① ② ③ ④ ⑤
114	가끔 남에 대한 험담이나 잡담을 조금 한다.	① ② ③ ④ ⑤
115	길을 걸을 때 길바닥의 금을 밟지 않으려고 매우 신경 쓴다.	① ② ③ ④ ⑤
116	무엇인가에 대헤 나는 자주 긱징을 한다.	① ② ③ ④ ⑤
117	전에 한 번도 가본 적이 없는 곳에 가는 것을 좋아한다.	① ② ③ ④ ⑤
118	나는 내 인생을 설계할 때 해야 할 도리나 의무를 우선으로 삼았고, 지금까지 그것을 잘 지켜 왔다.	① ② ③ ④ ⑤
119	나는 가끔 남의 일을 방해하곤 하는데 중요한 이유가 있어서라기보다는 그 일이 원리원칙에 어긋나기 때문이다.	① ② ③ ④ ⑤
120	한 곳에 오래 앉아 있기 힘들 정도로 안절부절 못할 때가 있다.	① ② ③ ④ ⑤
121	나의 외모에 대해 결코 걱정하지 않는다.	① ② ③ ④ ⑤
122	아픈 데가 거의 없다.	① ② ③ ④ ⑤
123	가끔 아무 이유도 없이 혹은 일이 잘못되어 갈 때조차도 "세상을 내 손 안에 다 넣은 것"처럼 굉장히 행복하다.	① ② ③ ④ ⑤
124	나는 쉽게 화내고 쉽게 풀어진다.	① ② ③ ④ ⑤

125	서로 농담을 주고받는 사람들과 함께 있는 것이 좋다.	① ② ③ ④ ⑤
126	나의 시력은 지난 몇 해 동안과 다름없이 좋다.	① ② ③ ④ ⑤
127	신선한 날에도 곧잘 땀을 흘린다.	① ② ③ ④ ⑤
128	이 세상에서 무엇이든지 다 손에 넣으려고 하는 사람을 나는 탓하지 않는다.	① ② ③ ④ ⑤
129	잘못된 행동을 하는 사람과도 나는 친해질 수 있다.	① ② ③ ④ ⑤
130	피부 한두 군데가 무감각하다.	① ② ③ ④ ⑤
131	나는 무슨 일이든 시작하기가 어렵다.	① ② ③ ④ ⑤
132	여러 사람이 함께 곤경에 처했을 때 최상의 해결책은 한 가지 이야기에 입을 맞춰 끝까지 밀고 가는 것이다.	① ② ③ ④ ⑤
133	매일 물을 상당히 많이 마신다.	① ② ③ ④ ⑤
134	사람들은 대개 자신에게 도움이 될 것 같으니까 친구를 사귄다.	① ② ③ ④ ⑤
135	아무도 믿지 않는 것이 가장 안전하다.	① ② ③ ④ ⑤
136	여러 사람들과 있을 때 적절한 화제 거리를 생각해 내기가 어렵다.	① ② ③ ④ ⑤
137	많은 사람 앞에서 내가 잘 아는 분야에 관해 토론을 시작하거나 의견을 발표하라고 하면 당황하지 않고 잘 할 수 있다.	① ② ③ ④ ⑤
138	귀중품을 아무 데나 내버려두어서 유혹을 느끼게 하는 사람도 그것을 훔치는 사람만큼 도난에 책임이 있다.	① ② ③ ④ ⑤
139	나는 술을 너무 많이 마시곤 한다.	① ② ③ ④ ⑤
140	칼 혹은 아주 날카롭거나 뾰족한 것을 사용하기가 두렵다.	① ② ③ ④ ⑤
141	잘하지 못하는 게임은 아예 하지도 않는다.	① ② ③ ④ ⑤
142	남이 내게 말을 걸어오기 전에는 내가 먼저 말을 하지 않는 편이다.	① ② ③ ④ ⑤
143	사람들은 남을 돕는 것을 속으로는 싫어한다.	① ② ③ ④ ⑤
144	사람들은 남의 권리를 존중해 주기보다는 남들이 자신의 권리를 존중해 주기를 더 바란다.	① ② ③ ④ ⑤

145	돈 걱정을 한다.	① ② ③ ④ ⑤
146	거의 언제나 인생살이가 나에게는 힘이 든다.	① ② ③ ④ ⑤
147	어떤 문제에 대해서는 이야기조차 할 수 없을 정도로 과민하다.	① ② ③ ④ ⑤
148	부당하다고 생각되는 경우에도 우리 부모는 종종 나에게 복종을 요구한다.	① ② ③ ④ ⑤
149	내가 하고 싶은 일도 남이 대단치 않게 여기면 포기해 버린다.	① ② ③ ④ ⑤
150	길을 걷다가 어떤 사람과 마주치는 게 싫어 길을 건너가 버릴 때가 종종 있다.	① ② ③ ④ ⑤
151	별로 중요하지도 않은 것들을 세어보는 버릇이 있다.	① ② ③ ④ ⑤
152	내 능력이 보잘 것 없다고 생각했기 때문에 일을 포기한 적이 여러 번 있다.	① ② ③ ④ ⑤
153	나쁜 말이나 종종 끔찍한 말들이 떠올라 머리 속에서 떠나지 않는다.	① ② ③ ④ ⑤
154	나는 사소한 일이라도 대개는 행동하기 전에 일단 멈추어 생각해 보아야 한다.	① ② ③ ④ ⑤
155	사람은 꿈을 이해하려고 노력해야 하며, 꿈이 알려 주는 지시나 경고를 받아들여야 한다.	① ② ③ ④ ⑤
156	기차나 버스에서 종종 낯선 사람과 이야기를 한다.	① ② ③ ④ ⑤
157	어떤 일을 모면하기 위해 꾀병을 부린 적이 있다.	① ② ③ ④ ⑤
158	어려움이 너무 커서 도저히 이겨낼 수 없다고 느껴질 때가 가끔 있다.	① ② ③ ④ ⑤
159	일이 잘못되어 갈 때는 금방 포기하고 싶어진다.	① ② ③ ④ ⑤
160	보통 때보다 머리가 잘 안 돌아가는 것 같을 때가 있다.	① ② ③ ④ ⑤
161	나는 사건의 원인과 결과를 쉽게 파악한다.	① ② ③ ④ ⑤
162	적은 돈을 걸고 하는 노름을 즐긴다.	① ② ③ ④ ⑤
163	기회만 주어진다면 세상에 큰 도움이 될 만한 일을 해 낼 수 있을 것 같다.	① ② ③ ④ ⑤
164	일단 시작한 일에서 잠깐 동안이라도 손을 떼기가 어렵다.	① ② ③ ④ ⑤

165	술에 취했을 때만 솔직해질 수 있다.	① ② ③ ④ ⑤
166	집을 영원히 떠날 수 있는 때가 오기를 간절히 바란다.	① ② ③ ④ ⑤
167	나는 과거에 아무에게도 말하지 못할 나쁜 짓을 저질렀다.	① ② ③ ④ ⑤
168	실제로 법을 어기지 않는 한, 법을 슬쩍 피해 가는 것도 괜찮다.	① ② ③ ④ ⑤
169	사람들을 바로 잡아주고 도와주려고 할 때 그들은 나의 의도를 종종 오해한다.	① ② ③ ④ ⑤
170	무례하고 성가시게 구는 사람에게 때때로 거칠게 대해야 했던 적이 있다.	① ② ③ ④ ⑤
171	과학에 관한 글을 읽는 것을 좋아한다.	① ② ③ ④ ⑤
172	진지한 주제에 관한 강연에 즐겨 참석한다.	① ② ③ ④ ⑤
173	규칙을 어기더라도 항상 자신의 신념에 따라야 한다.	① ② ③ ④ ⑤
174	나는 종종 내 의견을 이해시키기 위해서 언성을 높여야 한다.	① ② ③ ④ ⑤
175	단지 과시하기 위해서 남들이 내게 기대하는 것과는 정반대로 행동하는 때가 있다.	① ② ③ ④ ⑤
176	군인이 되고 싶다.	① ② ③ ④ ⑤
177	내 친구들에 비해 나는 겁이 거의 없는 편이다.	① ② ③ ④ ⑤
178	나는 계산에 밝은 사람이다.	① ② ③ ④ ⑤
179	나는 스스로가 자립심이 강하다고 생각한다.	① ② ③ ④ ⑤
180	나는 변화를 주는 것을 싫어한다.	① ② ③ ④ ⑤

당신의 꿈은 뭔가요?

MY BUCKET LIST !

꿈은 목표를 향해 가는 길에 필요한 휴식과 같아요.

여기에 당신의 소중한 위시리스트를 적어보세요. 하나하나 적다보면 어느새 기분도

좋아지고 다시 달리는 힘을 얻게 될 거예요.

- [ ] _____
- [ ] _____
- [ ] _____
- [ ] _____
- [ ] _____
- [ ] _____
- [ ] _____
- [ ] _____
- [ ] _____
- [ ] _____
- [ ] _____
- [ ] _____
- [ ] _____
- [ ] _____
- [ ] _____
- [ ] _____
- [ ] _____
- [ ] _____
- [ ] _____
- [ ] _____
- [ ] _____
- [ ] _____
- [ ] _____
- [ ] _____
- [ ] _____
- [ ] _____
- [ ] _____
- [ ] _____

창의적인 사람이 되기 위해서

정보가 넘치는 요즘, 모두들 창의적인 사람을 찾죠.
정보의 더미에서 평범한 것을 비범하게 만드는 마법의 손이 필요합니다.
어떻게 해야 마법의 손과 같은 '창의성'을 가질 수 있을까요. 여러분께만 알려 드릴게요!

01. 생각나는 모든 것을 적어 보세요.

아이디어는 단번에 솟아나는 것이 아니죠. 원하는 것이나, 새로 알게 된 레시피나, 뭐든 좋아요.
떠오르는 생각을 모두 적어 보세요.

02. '잘하고 싶어!'가 아니라 '잘하고 있다!'라고 생각하세요.

누구나 자신을 다그치곤 합니다. 잘해야 해. 잘하고 싶어.
그럴 때는 고개를 세 번 젓고 나서 외치세요. '나, 잘하고 있다!'

03. 새로운 것을 시도해 보세요.

신선한 아이디어는 새로운 곳에서 떠오르죠. 처음 가는 장소, 다양한 장르에 음악, 나와 다른 분야의 사람.
익숙하지 않은 신선한 것들을 찾아서 탐험해 보세요.

04. 남들에게 보여 주세요.

독특한 아이디어라도 혼자 가지고 있다면 키워 내기 어렵죠.
최대한 많은 사람들과 함께 정보를 나누며 아이디어를 발전시키세요.

05. 잠시만 쉬세요.

생각을 계속 하다보면 한쪽으로 치우치기 쉬워요. 25분 생각했다면 5분은 쉬어 주세요.
휴식도 창의성을 키워 주는 중요한 요소랍니다.